黄河中游砒砂岩区植物图鉴

杨久俊　张　磊　肖培青　编著

黄河水利出版社
·郑州·

内 容 提 要

　　本书是历经三年的野外调查，整理和汇总相关资料编写而成的，主要介绍了砒砂岩区的地形地貌特征、植物概况和人工植物配置模式，记录了砒砂岩区常见植物种类、形态特征以及生境分布。本书按照乔木、灌木、草本植物的顺序编写，总共记录有乔木29种，灌木20种，草本植物152种，有中文名和拉丁名。大多种植物配有根、花、果实的图片，内容丰富，可读性强。

　　本书可供从事水土保持、生态、林业、农牧、园艺等专业的科技工作者、管理者，以及相关专业大专院校师生阅读参考，亦可作为广大户外运动爱好者的科普读物。

图书在版编目 (CIP) 数据

黄河中游砒砂岩区植物图鉴 / 杨久俊，张磊，肖培青编著.
郑州：黄河水利出版社，2016.10
ISBN 978 - 7 - 5509 - 1435 - 3

Ⅰ.①黄⋯　Ⅱ.①杨⋯ ②张⋯ ③肖⋯　Ⅲ.① 黄河流域 - 植物 - 图集　Ⅳ.①Q948.52 - 64

中国版本图书馆CIP数据核字（2016）第 117772 号

组稿编辑：王路平　电话：0371 - 66022212　E - mail:hhslwlp@126.com

出 版 社：黄河水利出版社　　　　　　　　　　　　　网址：www.yrcp.com
　　　　　地址：河南省郑州市顺河路黄委会综合楼14层　邮编：450003
发行单位：黄河水利出版社
　　　　　发行部电话：0371 - 66026940、66020550、66028024、66022620(传真)
　　　　　E-mail:hhslcbs@126.com
承印单位：河南省瑞光印务股份有限公司
开本：787 mm × 1 092 mm　1 / 16
印张：15
字数：350千字　　　　　　　　　　　　　印数：1—1 000
版次：2016年10月第1版　　　　　　　　　印次：2016年10月第1次印刷

定价：150.00元

序

位于黄河中游鄂尔多斯高原的砒砂岩地区生态极为脆弱，而且是黄河粗泥沙的来源核心区。砒砂岩由古生代二叠纪、中生代三叠纪、侏罗纪和白垩纪的灰色、灰黄、灰紫色的砂页岩、紫红色的泥质砂岩和厚层砂岩的岩石互层组成，因其为陆相碎屑岩系，上覆岩层厚度小、结构强度低、成岩程度低、沙粒间胶结程度差、抗侵蚀能力尤其低下，区域内水土流失非常严重，生态退化及生态问题积重已久，使该区域整体呈现出植被稀疏、千沟万壑和荒漠化景观，生态致贫现象突出，给实现黄河下游河道不抬高、保障黄河长治久安带来巨大挑战。尤其是随着鄂尔多斯地区城镇化建设、能源开发等人类活动日益加剧，经济总量高速增长，使得该地区的生态环境压力更大，生态安全受到威胁，严重制约经济社会的持续发展。

砒砂岩区既是我国北方地区典型生态脆弱区、黄河泥沙治理的重点区，又是我国煤炭等能源的重要基地。因此，从砒砂岩区生态系统整体视角出发，研究水土流失治理及退化植被恢复关键技术并予以实施，对改善当地生态环境、保障我国能源核心基地持续发展的生态安全、有效减少进入黄河的粗泥沙、遏制黄河下游"悬河"发展具有极其重要的意义。这项研究属于《国家中长期科学和技术发展规划纲要（2006—2020年）》提出的"生态脆弱区域生态系统功能的恢复重建"的优先主题，符合国家"加大自然生态系统和环境保护力度，切实改善生态环境质量"战略目标。为此，在"十二五"期间，国家启动了科技支撑计划项目"黄河中游砒砂岩区抗蚀促生技术集成与示范"，经过国内多家科研单位、高等院校、企业及管理单位等组成的研究团队协同攻关，取得了砒砂岩抗蚀促生技术、砒砂岩改性技术及综合治理模式等生态修复、水土保持领域的基础原理、关键技术上的创新。在此，他们以针对砒砂岩区植物种类、分布及形态特征等开展的广泛、系统实地调查和标本采样等基础性工作成果，编撰了这本《黄河中游砒砂岩区植物图鉴》（简称植物图鉴）。

砒砂岩区植被群落由地区东南部的半旱生植物占优势逐渐演变到西北部的以沙生植物占优势的分布状况，近年来经过人工植被的种植、管理和自我修复更新，砒砂岩区已经在一定程度上改变了原本光秃秃的面貌，形成了斑状分布的生态系统。因此，对砒砂岩区植物开展全面系统的调查，对于了解该区退化植被现状、植物群落结构、人工修复效果等，都是非常必要的。

植物图鉴记录了乔木29种、灌木20种、草本植物152种，共计200多种，较为全面地介绍了砒砂岩区植物种类、形态特征及其生境分布，同时还介绍了砒砂岩区人工植被现状及配置模式等，这是对砒砂岩区植物分布规律所进行的一次非常有益的探索，在砒砂岩区植物志类的系统研究方面还属于首次，为砒砂岩区退化植被恢复和水土流失治理研究提供了更广的视野。

该植物图鉴对大多种植物都配有典型根、花、果实的图片，并详细介绍了植物的形态特征及生境分布，有中文名和拉丁名，按照乔木、灌木、草本植物的顺序编写，图文并茂，内容丰富，保证了学术的严谨性，可读性强。

该植物图鉴的研究基于实际调查和观测资料及其结合方法、技术先进的砒砂岩治理与植被修复新理论，成果可信度高，是一项具有创新性的科研成果。可以相信，该图鉴不仅对于生态、水土保持研究和实践具有很大的参考价值，而且对于农业、畜牧业、林业、气象水文及水资源等领域研究都有帮助。尤其是对于开展砒砂岩区生态系统退化机制、退化植被恢复重建技术等生态综合治理技术的进一步研究奠定了非常重要的基础。可以说，这是一本凝结了作者近年艰辛研究心血的好书，值得推荐，并提笔为序。

二〇一六年十月十日

前　言

　　黄土高原是我国水土流失治理和生态建设的重要地区。经过多年的治理，黄土高原局部地区生态环境得到了改善，但黄河中游的砒砂岩区，因其成岩度低、地质条件恶劣，治理难度极大。砒砂岩广泛分布于黄河流域以晋陕蒙接壤区为中心的区域，具体指古生代二叠纪、中生代三叠纪、侏罗纪和白垩纪的厚层砂岩、砂页岩和泥岩组成的互层，是黄土高原集中的碎屑基岩产沙区的核心，系黄河流域多沙粗沙区的一个重要组成部分。该区水土流失极为严重，生态环境极为脆弱，被中外专家称为"世界水土流失之最"和"环境癌症"。

　　自20世纪80年代以来，通过不断加强对砒砂岩区的水土保持综合治理，在一定程度上遏制了砒砂岩区水土流失的恶化，其中通过人口迁出、禁牧、人工种植等措施来恢复砒砂岩区植被是一个重要措施。不同的植被种类及其配置模式对砒砂岩区环境的适应性、对环境产生的影响不同。在砒砂岩的治理中，如何选择适生的植被，充分发挥和利用不同植被的特性以实现最大的生态效益，是砒砂岩区治理的重点问题之一。砒砂岩区的治理依然任重道远，虽然也有一些图书涉及砒砂岩区植被的种类及其特性，但目前尚无全面、系统地介绍砒砂岩区常见植被的书籍。

　　《黄河中游砒砂岩区植物图鉴》是历经三年的野外调查，整理和汇总相关资料编写而成的。本书主要记录了砒砂岩区常见植物种类、形态特征以及生境分布，大多种植物配有根、花、果实的图片，内容丰富。本书按照乔木、灌木、草本植物的顺序编写，总共记录有乔木29种，灌木20种，草本植物152种，且命名分为中文、拉丁文两种。本书编写的初衷正是通过全面介绍砒砂岩区常见植物种类、形态特征及其生境分布，以期提高对砒砂岩区常见植物的认识和分布规律的探索，为砒砂岩区水土治理中生物防治措施的进一步研究提供参考依据。

　　本图鉴的资料收集、整理、编撰和出版是在"十二五"国家科技支撑计划项目"黄河中游砒砂岩区抗蚀促生技术集成与示范"

（2013BAC05B00）和"河南省创新型科技人才队伍建设工程"
（162101510004）资助下完成的。"十二五"国家科技支撑计划项目"黄
河中游砒砂岩区抗蚀促生技术集成与示范"负责人姚文艺教授级高工是
本图鉴的主要策划者，对调研内容和编撰工作提出了系统的指导意见。
杨久俊、张磊、肖培青为本书编著者。参加野外调查、采样、资料收集
与整理、图鉴编撰等工作的有冯伟风、乔贝、申震洲、焦鹏。硕士研究
生张腾飞、王光月，本科生杨建、徐维年参与了部分野外调查工作，硕
士研究生吴方方、王顶、韩玉整理了部分植物的图片，鄂尔多斯市水保局、
准格尔旗水保局、暖水乡政府在野外调研时给予了大力支持并提供无私
帮助，在此谨表示真诚的感谢！

　　由于时间仓促，加之编者学术水平有限，书中难免有疏漏、谬误之处，
敬请读者勘正。

编　者
2016 年 6 月

目　录

第1章

砒砂岩分布及地形地貌概述

1.1 砒砂岩区自然地理及气候概况

黄河中游的砒砂岩由古生代二叠纪、中生代三叠纪、侏罗纪和白垩纪的灰色、灰黄、灰紫色的砂页岩、紫红色的泥质砂岩和厚层砂岩的岩石互层组成，集中分布于黄土高原北部晋陕蒙接壤地区的鄂尔多斯高原[1]，典型的砒砂岩地貌见图1-1。砒砂岩属于陆相碎屑岩系，成岩程度及结构强度很低，颗粒间胶结程度差，加之所含黏土矿物主要是蒙脱石类矿物，遇水体积发生膨胀，在砒砂岩内产生应力导致岩体结构的破坏，因此砒砂岩区水土流失非常严重。

砒砂岩区总面积1.67万km²，主要分布在以内蒙古鄂尔多斯市准格尔旗为中心的蒙、晋、陕接壤区。在整个砒砂岩分布区（见图1-2），从东向西，从南向北，地貌类型由黄土高原向鄂尔多斯高原过渡，从起伏较大的丘陵沟壑到起伏和缓的波状高原，砒砂岩也由埋深隐藏到切割出露。该区在地质构造上属于华北地台鄂尔多斯向斜。其实，鄂尔多斯块体晚中生代为一坳陷区，是一个西深东浅的侏罗纪—早白垩世沉降区，从晚白垩世开始本区大面积隆起，直到第四纪，黄土逐渐堆积，厚度可达120~180 m，但隆起并不平衡，结构极其不稳定，强烈的上升运动和松散的特性是砒砂岩产生强烈的现代侵蚀的主要内在原因[1]。

砒砂岩区温度带处于暖温带与中温带的过渡带上，极端最高值和最低值分别为40.2 ℃和 -34.5 ℃，温度的剧烈变化加剧了砒砂岩的物理风化过程，加之冻结和解冻，在重力作用下陡坡和沟崖地带常发生泻流、崩塌、剥蚀现象。该地区属于干旱、半干旱大陆性气候，降雨稀少，立地条件极差，植被难以生长，覆盖度低，生态环境相当恶劣，土壤侵蚀模数达到3万～4万t/（km²·a），是黄河流域乃至全国侵蚀最为剧烈、最难治理的地区，被中外专家称为"世界水土流失之最"和"地球生态癌症"[2]。由砒砂岩区进入黄河的泥沙量多年平均近2亿t，淤积到黄河下游河道的粗泥沙约为1亿t，占到黄河下游每年平均淤积量的 25%，大量粗泥沙淤积使黄河下游河道成为闻名于世的"地上悬河"，对黄河下游两岸及相关地区的防洪安全构成了极大的威胁，成为黄河安全的首害。因此，砒砂岩区水土流失治理，对于黄土高原生态建设和黄河治理具有重要的意义。

图 1-1　砒砂岩典型地貌

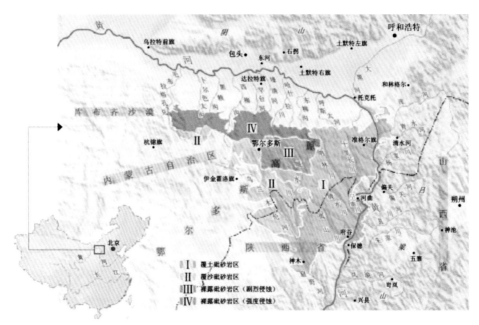

图 1-2　砒砂岩的分布

1.2　砒砂岩区地形地貌特征

按照砒砂岩地区地表覆盖物的不同，可划分为裸露砒砂岩侵蚀物沉积区、覆土区、覆沙区 3 个亚区。裸露砒砂岩侵蚀物沉积区的砒砂岩直接见于地表或覆土（沙）极薄（0.5~1.5 m），此类砒砂岩面积占总面积的 70% 以上；覆土区的黄土覆盖层厚度一般大于 1.5 m，沟谷中表现为"黄土戴帽，砒砂岩穿裙"的特殊地貌；覆沙区的砒砂岩掩埋于风沙之下，或形成部分沙丘及薄层沙（10~30 m）和砒砂岩相间分布，或形成"风沙戴帽，砒砂岩穿裙"的地貌景观[3]。三个不同的砒砂岩区域均是由梁峁坡—沟坡—沟道体系组成的，其植物生长类型和盖度因所处的纬度、降水量的差异而有所不同。砒砂岩区典型的梁峁坡、沟坡、沟道等地貌特征见图 1-3。

1.2.1　梁峁坡侵蚀单元

梁峁坡侵蚀单元地势平缓，日照充足，水分条件较好，一年内大部分时间无须人为灌溉就能够满足旱区植被的存活，因此植被覆盖度较高。依据地表覆盖物的不同将梁峁坡单元分为覆土梁峁坡、裸露梁峁坡和覆沙梁峁坡单元。覆土梁峁坡单元主要指的是砒砂岩基岩上覆盖黄土层，土层厚度从几米到几十米不等，且从梁峁坡顶向下的覆土厚度逐渐升高。土壤侵蚀的主要方式为水蚀，其中风蚀、水蚀和重力侵蚀交互发生。覆黄土梁峁坡上绿色植被覆盖度较高，达到约 20%，植被恢复良好，生态系统趋于稳定。裸露梁峁坡单元主要指砒砂岩基岩上面无黄土和沙覆盖，或覆盖极薄（0.5~1.5 m），砒砂岩大面积裸露，直接见于地表。土壤侵蚀特征主要以水蚀和风蚀为主，水土流失严重，该单元色调较浅，缺乏植被的绿色色调，植被覆盖度较低。覆沙梁峁坡单元主要受库布齐沙漠和毛乌素沙地的影响，其砒砂岩基岩掩埋在风沙土之下，主要受风蚀的影响，地表沙化严重，沙丘多为移动和半固定沙丘，因此植被难以长期稳定生长，使得当地植被类型比较单一，覆盖度也比较低，但是优势群落突出。

裸露砒砂岩区梁峁坡

裸露砒砂岩区沟坡

覆土区梁峁坡

覆土区沟坡

覆沙区梁峁坡

典型沟道

图1-3　砒砂岩区不同地貌特征

1.2.2　坡面侵蚀单元

1.2.2.1　覆沙砒砂岩坡面

在雨水冲蚀、风力侵蚀、重力侵蚀等环境外力的作用下，砒砂岩基岩上自然形成了不同角度的覆沙砒砂岩坡面或疏松沙土坡面（砒砂岩风化而成）。坡面角度分布在12°～37.2°，且主要集中分布在35°±2°的范围之间，占覆沙砒砂岩坡面总数量的73.3％。图1-4为野外实地测量的部分覆沙坡面、疏松沙土坡面角度分布情况。对小流域内大于35°的砒砂岩坡面进行钻芯取样，并去除土样中的植物根系后，实验室内测得砒砂岩土粒的休止角为35.2°，略小于其相应的野外坡面的稳定角度。休止角对比见图1-5。而经对大量刚刚形成、或尚处于发育阶段的溜沙坡的自然休止角测量发现，溜沙坡休止角集中分布在34.9°～35.1°，平均为35°，与实验室测得的砒砂岩颗粒的自然休止角很接近。这说明，在自然条件下，砒砂岩风化颗粒在坡脚堆积时，坡面与水平面形成的最大倾角为35°，当坡面角度小于35°时，坡面处于相对稳定的状态，坡面角度大于35°，则坡面会继续向下滑塌，直至坡度不大于35°，才能处于稳定状态。之所以存在坡度大于35°的稳定坡面，其原因主要是植物根系对土壤中的固结作用[4]。植物根系的穿插、缠绕，增大了土体与土体、根系与土体之间的摩擦力，提高了土体的抗侵蚀、抗剪切能力，从而使得土体稳定性增强、坡面休止角抬升。

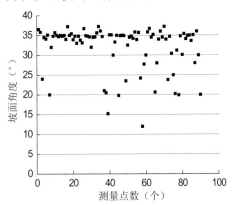

图1-4　覆沙砒砂岩坡面角度分布图　　　图1-5　野外覆沙砒砂岩坡面与实验室砒砂岩休止角

根据土体稳定安全系数计算公式（1-1）[5]可知，当$K \geqslant 1$时，坡面处于稳定状态。

$$K = \frac{\sum \frac{1}{\cos\theta_i + \frac{\tan\varphi_i}{K}\sin\theta_i}(c_i l_i \cos\theta_i + W_i \tan\varphi_i)}{\sum W_i \sin\theta_i} \qquad (1-1)$$

式中　c_i——颗粒黏聚力；

　　　l_i——沙土颗粒单元滑动面长度；

　　　W_i——沙土颗粒单元质量；

　　　θ_i——滑面倾角；

　　　φ_i——岩体内摩擦角。

由于砒砂岩沙土颗粒黏聚力可以忽略不计，因此稳定安全系数$K=1$，此时抗滑力等于滑动力，坡面处于极限平衡状态，相应的坡角就等于砒砂岩土的内摩擦角 35°，能够在无其他作用力干扰的情况下，保持相对稳定。当坡面角度低于 35°时，抗滑力大于滑动力，坡面处于稳定状态。而当有颗粒从上部溜下来堆积在表面时，坡角大于其内摩擦角，坡面不再稳定，沙土就会沿着剪切力的方向发生滑动，也可以认为整体发生了流动或屈服，使得坡面增厚，并逐渐向水平方向推移，最终形成新的稳定坡面，如图 1-6 所示。

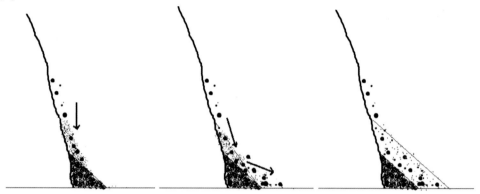

图 1-6　覆沙砒砂岩坡面稳定→失稳→再稳定形成过程

1.2.2.2　覆土砒砂岩坡面

对基岩为砒砂岩，表层覆盖黄土的覆土砒砂岩坡面进行角度测量，测量结果如图 1-7 所示。覆盖黄土的砒砂岩坡面集中分布在 35°~45°。在实验室测得黄土的休止角为 45.1°。这说明在砒砂岩区大部分黄土覆盖的坡面角度都小于黄土本身自然状态下的临界角度，这与上述覆沙砒砂岩稳定坡面的稳定角度有所不同。这主要是因为在砒砂岩区黄土所占比例很小，当坡面角度大于 35°时，会在坡脚形成以砒砂岩土为主的溜沙坡，并逐渐上移覆盖裸露区域。当坡面角度小于 35°时，砒砂岩坡体本身即处于稳定状态。因此，当沟坡角度大于 45°，即高于黄土的自然休止角时，黄土坍落后由于量少，无法形成黄土溜沙坡，而往往是被砒砂岩土覆盖，形成砒砂岩土为主的溜沙坡。

对覆土砒砂岩坡面不同位置的黄土厚度进行测量，测量结果见图 1-8。坡面表层覆盖的黄土厚度不均，最薄处不足 1 cm，最厚可以达到 28 cm。一般是在坡面中间厚度较

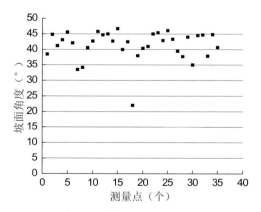

图 1-7　表层覆盖黄土的砒砂岩坡面角度分布

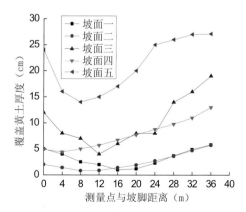

图 1-8　坡面不同位置黄土覆盖厚度

薄，在坡脚和坡顶相对较厚，规律较为一致。黄土的覆盖曲线趋近于坡体滑动面方向，同时，因为黄土的休止角大于基岩休止角，覆盖在砒砂岩基岩表层，防止了基岩的进一步侵蚀。黄土覆盖坡面的形成过程如图1-9所示。由于黄土覆盖层较薄，当下部基岩坡度较缓时，能够在黄土和基岩界面处形成堆积区域，之后受到风力、重力、降雨冲刷等影响，逐渐向下迁移，并到达底部，最终在坡面形成黄土覆盖层。值得注意的是，并非所有的黄土覆盖坡面遵循上述规律，在某些小流域内，由于黄土覆盖较厚，通常黄土在垂直节理发育的过程中会因失重而大面积坍塌滚落下来，直接在坡面上形成覆盖层。同覆沙砒砂岩坡面类似，覆土砒砂岩坡面上面亦有灌草类植物生长，黄土覆盖层的厚度不同，植被覆盖率略有差别。

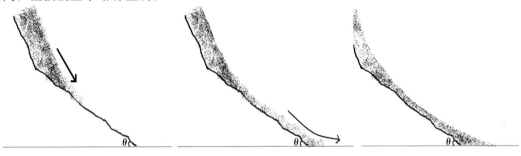

图1-9　覆土砒砂岩坡面的形成过程

1.2.2.3　裸露砒砂岩坡面

裸露砒砂岩坡面往往处于覆沙砒砂岩坡面和覆土砒砂岩坡面之上的沟坡部位，位于覆沙砒砂岩坡面之上的裸露砒砂岩坡面的角度大于35°，当有黄土覆盖时，裸露砒砂岩坡面的角度往往大于45°。裸露砒砂岩主要包括白色裸露砒砂岩坡面和红白交错且呈层状分布的裸露砒砂岩坡面两种，见图1-10和图1-11。白色砒砂岩属于砂岩，发育多种

图1-10　白色裸露砒砂岩坡面

图1-11　红白交错、层状分布裸露砒砂岩坡面

层面和层理构造。角度分布在35°～70°的白色裸露砒砂岩坡面的表层呈片状剥落，风化较为严重；实地测量角度分布在70°以上的白色裸露砒砂岩坡面，多发育为板状、楔状交错层理或平行层理。红色砒砂岩属于泥岩，水平层理发育。其形成环境较为稳定，但岩体发育不完全。受风蚀、水蚀及自身矿物成分等因素影响，表层岩石碎裂成颗粒状，脱落严重，岩体不稳定。红色砒砂岩在裸露区域与白色砒砂岩交错分布，野外调研红白交错、层状分布裸露砒砂岩坡面的角度见图1-12。红白交错、层状分布裸露砒砂岩坡

面的角度大于 35°，集中分布在 35°~45°，少量坡面角度大于 70°，易在重力侵蚀作用下坍塌破坏。坡度小于 45° 的裸露砒砂岩坡面，有少量沙棘、蒙古莸、万年蒿等灌木、半灌木类植物生长，但植被覆盖率极低。

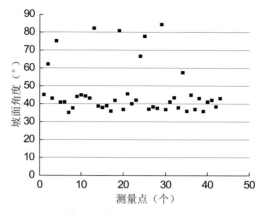

图 1-12　红白交错、层状分布裸露砒砂岩坡面角度分布

1.2.2.4　砒砂岩区典型坡面的空间组合结构

研究砒砂岩的典型坡面类型，对其治理措施的选择有着重要的意义。从坡面的稳定性和岩体的特征，把砒砂岩区的主要坡面类型划分为以下八个单元，即黄土垂直节理发育单元（=90°）、黄土覆盖不稳定单元（>45°）、黄土覆盖相对稳定单元（<45°）、白色裸露砒砂岩垂直单元（≈90°）、白色裸露砒砂岩不稳定单元（>35°）、红白相间砒砂岩不稳定单元（>35°）、覆沙砒砂岩相对稳定单元（<35°）和溜沙坡单元（=35°）。通过样线法对调研结果和数据进行分析汇总，得出在砒砂岩区典型坡面由八个基本单元构成的空间组合结构为 24 种，各种坡面的空间组合结构及其在调研中所占的比例如表 1-1 所示。

表 1-1　典型坡面的 24 种空间组合结构

种类	黄土垂直节理发育单元	黄土覆盖不稳定单元	黄土覆盖相对稳定单元	白色裸露砒砂岩垂直单元	白色裸露砒砂岩不稳定单元	红白相间砒砂岩不稳定单元	覆沙砒砂岩相对稳定单元	溜沙坡单元	各类坡面数量所占比例（%）
	=90°	>45°	<45°	≈90°	>35°	>35°	<35°	=35°	
1	√	√	√	√	√	√	√		2.31
2	√	√	√	√	√	√		√	3.25
3	√	√	√	√	√	√		√	3.54
4	√	√		√		√	√		2.42
5	√		√						1.57
6	√			√		√	√		1.68
7	√				√	√		√	0.80
8	√								3.23
9					√	√		√	1.76
10	√			—	√	√	√		1.20

续表 1-1

种类	黄土垂直节理发育单元	黄土覆盖不稳定单元	黄土覆盖相对稳定单元	白色裸露砒砂岩垂直单元	白色裸露砒砂岩不稳定单元	红白相间砒砂岩不稳定单元	覆沙砒砂岩相对稳定单元	溜沙坡单元	各类坡面数量所占比例(%)
	=90°	>45°	<45°	≈90°	>35°	>35°	<35°	=35°	
11	√			√		√		√	1.80
12	√					√	√		10.89
13	√					√		√	14.32
14	√						√		0.30
15	√							√	0.14
16				√	√	√	√		1.60
17				√	√	√		√	7.0
18				√	√	√			1.58
19				√	√	√	√		2.10
20				√				√	1.20
21					√		√		1.21
22					√			√	5.20
23						√		√	24.23
24								√	4.47

表 1-1 基本上反映了调研范围内的砒砂岩区主要坡面类型的空间组合结构。砒砂岩区各个单元的形成有一定影响，若无黄土覆盖则不可能存在黄土覆盖不稳定区域和黄土覆盖稳定区域，说明黄土覆盖坡面主要是表层黄土在垂直节理发育过程中发生坍落形成的。当表层不存在黄土，则是裸露砒砂岩区，本研究区主要以这种类型坡面为主，该类坡面为典型的红白相间、层状交错分布的砒砂岩，白色区域较为陡峭，红色区域坡度较小，相互交错叠加形成高低不一的坡面。覆沙砒砂岩和覆土砒砂岩坡面为相对稳定坡面，植被覆盖率较高。溜沙坡一般与沟底相连，若坡面底部不被淘空或侧蚀较弱，则坡面底部一般存在溜沙区域，若是侧蚀严重，则溜沙区域发育较小或不存在。从各种类型坡面所占的比例可以看出，在存在黄土覆盖的区域内，由黄土垂直节理发育单元 – 红白相间砒砂岩不稳定单元 – 溜沙坡单元组成的坡面结构所占比例最高，达到 14.32%；由黄土垂直节理发育单元 – 红白相间砒砂岩不稳定单元 – 覆沙砒砂岩相对稳定单元组成的坡面结构所占比例次之，达到 10.89%。这说明在黄土覆盖砒砂岩区，这两种坡面类型占据主导地位。在没有黄土覆盖的区域内，红白相间砒砂岩不稳定单元 – 溜沙坡单元组成的坡面结构所占比例最高，达到 24.23%，在裸露砒砂岩区占据主导地位。上述对典型坡面的空间组合结构的数据显示，在覆土区对沟坡进行治理时，应着重黄土垂直节理发育单元 – 红白相间砒砂岩不稳定单元 – 覆沙砒砂岩相对稳定单元和黄土垂直节理发育单元 – 红白相间砒砂岩不稳定单元 – 溜沙坡单元这两种坡面类型的治理。在裸露砒砂岩区，应注重红白相间砒砂岩不稳定单元 – 溜沙坡单元的治理，尤其对于溜沙坡单元，要注意保证溜沙坡的稳定性，促进坡面的发育趋于稳定，避免造成二次侵蚀。

1.2.3 沟道侵蚀单元

沟道是由降雨时在梁峁顶形成的多条毛沟径流汇集而成的，逐渐使其加深变宽。依据沟道的开析度，即沟道开张程度的不同（见公式（1-2）），把沟道分为两种类型，分别为 U 型和 V 型 [6]。

$$K=D/H \qquad\qquad (1\text{-}2)$$

式中　K——沟道的开析度；

　　　D——沟道的平均宽度，m；

　　　H——沟道的相对高差，m。

K 值小于 0.4 的沟道为深切型沟道，也就是 V 型沟道。这类沟道的开张程度小，沟坡比较陡峭，发育剧烈且不稳定，并且沟道底部基岩出露，没有沙土沉积，因此只有少量的植被生长，水土流失严重，生态系统薄弱，不能自我恢复，需要人为栽种耐沙埋植被防止水土流失，使生态环境趋于稳定。

K 值大于 0.4 的沟道为开析型沟道，也就是 U 型沟道。这类沟道开张程度大，沟坡比较缓，立地条件好，植被覆盖度高且多样化，生态系统比较稳定。可以利用比较优良的土壤条件，栽种经济林和农耕作物，既能保持水土也能产生一定的经济效益。

1.3 砒砂岩区植被概况

砒砂岩区植被群落由东南部的半旱生植物占优势逐渐演变到西北部的沙生植物占优势的空间分布特征。经过人工植被的种植、管理和自我修复更新，目前砒砂岩区尤其是覆土砒砂岩区已经在一定程度上改变了原本的光秃面貌，形成了斑状分布的生态系统。弄清适于该区域的植物类型，了解其形态特征和生境分布，不仅对于构建该区植被群落非常必要，而且可为开展黄河粗泥沙集中来源区治理，有效减少黄河下游河道淤积提供有益借鉴。

在不同的侵蚀单元，典型植被种类及其分布方式也有所不同。

1.3.1 梁峁坡单元植被类型

梁峁坡侵蚀是相对稳定的单元，植被种类丰富度排序依次为覆土梁峁坡单元、裸露梁峁坡单元、覆沙梁峁坡单元。油松、沙棘和柠条是裸露和覆土梁峁坡单元最为重要的植被，最重要的经济林是山杏林。柠条在覆土梁峁坡单元的重要值更高一些，说明柠条更适合于黄土。而油松在裸露梁峁坡单元的重要性大于覆土梁峁坡的，是因为油松适于生长在排水较好且疏松的砒砂岩土上。而沙棘对于土壤的条件并没有严苛的要求，但在覆沙区沙棘生长的并不好，因为水分条件极为有限。沙柳和油蒿成为覆沙区最优势植被。赖草、披碱草及沙打旺在梁峁坡三个单元都能够形成优势群落。这三个单元上的植被大都是有性和无性繁殖共存的方式，并且最为优势植被必定会有无性繁殖的能力，比较容易形成优势群落。从生长方式来看，由于梁峁坡土壤环境和地理条件都较好，比较适合植被生长，因此植被覆盖度也较高，它们都以丛生或群落的方式存在。

1.3.1.1 裸露梁峁坡单元

裸露梁峁坡地势平缓，光照充足，阴阳坡不明显。整体看来植被覆盖度较高，乔木较少，草本和灌木丛较多。根据调研结果，裸露梁峁坡单元植被类型、繁殖方式、生长方式及重要性如表1–2所示。

表1–2　裸露梁峁坡单元植被类型及特征

坡面类型		植被类型	主要繁殖方式	生长方式	生物重要性(%)
裸露梁峁坡单元	乔木	小叶杨（*Populus simonii* Carrière ）	种子、扦插	单株	1.77
		油松（*Pinus tabuliformis* Carrière ）	种子、扦插	单株	21.12
		山杏（*Armeniaca sibirica* (L.) Lam. ）	种子、扦插	单株	5.23
		臭椿（*Ailanthus altissima* (Mill.) Swingle ）	种子、根蘖	单株	1.98
		杜松（*Juniperus rigida* Siebold & Zucc. ）	种子、扦插	单株	2.78
	灌木	沙棘（*Hippophae rhamnoides* Linn ）	根蘖	群落	18.85
		柠条（*Caragana Korshinskii* Kom ）	种子、分根	单株	13.65
		百里香（*Thymus kitagawianus* Tschern. ）	茎生根	单株或群落	1.14
		万年蒿（*Artenmisia gmelinii* Web.ex Stechm ）	根蘖、种子	单株或群落	0.96
		达乌里胡枝子（*Lespedeza davurica* (Laxm.) Schindl. ）	种子	单株	0.83
	草本植物	赖草（*Leymus secalinus* (Georgi) Tzvelev. ）	种子、根茎	丛生群落	6.52
		根茎冰草（*Agropyron michnoi* Roshev ）	种子、根茎	丛生	3.71
		芨芨草（*Achnatherum splendens* (Trin.) Nevski ）	种子、分株	丛生	3.08
		披碱草（*Elymus dahuricus* Turcz. ）	种子	丛生	5.41
		刺沙蓬（*Salsola ruthenica* Ilgin ）	种子	单株	1.16
		草木樨（*Melilotus suaveolens* Ledeb. ）	种子	单株或群落	1.34
		紫花苜蓿（*Medicago sativa* L. ）	种子	单株或群落	1.59
		沙打旺（*Astragalus adsurgens* Pall ）	种子	单株或群落	0.95
	其他	108 种	—	—	7.93

裸露梁峁坡单元的植被种类比较多，共126种，根据实地测量，梁峁坡植被覆盖度达到74.9%。从重要值来看，乔木中的裸子植物油松和灌木中的沙棘、柠条占绝对的优势，其次就是经济作物山杏，并且禾本科的赖草、披碱草也能够形成优势群落。该单元的植被繁殖方式，乔木主要以有性繁殖的种子繁殖和无性繁殖中的扦插繁殖为主，灌木植被主要以根蘖及根茎繁殖为主，草本主要以禾本科的根茎繁殖和豆科的种子繁殖植被为主。从生长方式来看，乔木基本上都是单株存在，灌木和草本植物能够形成群落或丛林。从整体来看，砒砂岩区属于干旱半干旱地区，乔木较其他地区生长得矮小，枝叶也不够繁茂，有时甚至会形成小老林。原因是砒砂岩地区环境恶劣，土壤水分和养分都很少，难以支撑植被的生长。但梁峁坡单元较其沟坡，植物丰富度还是较高的，自然植被生长较好，生态系统较稳定，可以自然恢复，无须刻意地人工治理。

1.3.1.2 覆土梁峁坡单元

覆土梁峁坡单元较裸露梁峁坡单元，从整体来看坡度更为平缓，植被覆盖率更高。日照良好，也无须分阴阳坡。根据调研结果，覆土梁峁坡单元植被类型、繁殖方式、生长方式及重要性如表 1-3 所示。

表 1-3　覆土梁峁坡单元植被类型及特征

坡面类型		植被类型	主要繁殖方式	生长方式	生物重要性 (%)
覆土梁峁坡单元	乔木	小叶杨（*Populus simonii* Carrière）	种子、扦插	单株	5.24
		油松（*Pinus tabuliformis* Carrière）	种子、扦插	单株	17.81
		山杏（*Armeniaca sibirica* (L.) Lam.）	种子、扦插	单株	5.09
		臭椿（*Ailanthus altissima* (Mill.) Swingle）	种子、根蘖	单株	1.21
		侧柏（*Platycladus orientalis* (L.) Franco）	种子、扦插	单株	1.63
		杜松（*Juniperus rigida* Siebold & Zucc.）	种子、扦插	单株	1.22
		火炬树（*Rhus typhina* L.）	种子、根蘖	单株	0.85
	灌木	紫丁香（*Syringa oblata* Lindl.）	种子、扦插	单株	1.09
		黄刺玫（*Rosa xanthina* Lindl）	分株、扦插	单株或群落	1.12
		沙棘（*Hippophae rhamnoides* Linn）	根蘖	群落	10.95
		柠条（*Caragana Korshinskii* Kom）	种子、分根	单株	13.23
		百里香（*Thymus mongolicus* Ronn）	茎生根	单株或群落	1.15
		万年蒿（*Artenmisia gmelinii* Web.ex Stechm）	根蘖、种子	单株或群落	0.86
		蒙古莸（*Caryopteris mongholica* Bunge）	根茎	单株或群落	1.62
		达乌里胡枝子（*Lespedeza davurica* (Laxm.) Schindl.）	种子	单株	0.54
	草本植物	阿尔泰狗娃花（*Heteropappus altaicus* (Willd) Novopokr）	种子、分株	单株或群落	1.12
		针茅（*Stipa capillata* Linn）	种子	丛生群落	4.21
		赖草（*Leymus secalinus* (Georgi) Tzvel）	种子、根茎	丛生群落	4.63
		根茎冰草（*Agropyron michnoi* Roshev）	种子、根茎	丛生	3.36
		芨芨草（*Achnatherum splendens* (Trin.) Nevski）	种子、分株	丛生	0.88
		披碱草（*Elymus dahuricus* Turcz）	种子	丛生	3.84
		糙隐子草（*Cleistogenes squarrosa* (Trin.) Keng）	种子	单株	0.67
		草木樨（*Melilotus suaveolens* Ledeb.）	种子	单株或群落	1.09
		紫花苜蓿（*Medicago sativa* L.）	种子	单株或群落	1.84
		沙打旺（*Astragalus adsurgens* Pall）	种子	单株或群落	1.15
		甘草（*Glycyrrhiza uralensis* Fisch）	根茎、种子	单株	0.92
		二裂委陵菜（*Potentilla bifurca* Linn.）	根茎	单株	0.83
	其他	168 种	—	—	11.85

覆土梁峁坡单元植被种类最多，可以达到 195 种，根据实地测量，覆土梁峁坡植被覆盖度达到 92.1%。从重要值来看，乔木的油松最为重要，达到 17.81%，其次是灌木中的柠条和沙棘。与裸露梁峁坡单元不同的是，柠条要比沙棘的重要性高，这主要是因为柠条更适合于黄土生长，而沙棘耐旱耐寒性高，且更适合于排水效果好的砒砂岩土。从繁殖方式来看，乔木、灌木、草本大都是有性繁殖和无性繁殖共存，很少部分豆科植被的主要繁殖方式为种子繁殖，这说明强大的繁殖能力是植物丰富度的前提，也是植物丰富度的关键条件。从生长方式来看，大多植被都是丛生或者群落为主的生长方式，这也反映出植被覆盖率是很高的。从表 1-3 中还可以明显看出，乔木人工林多种多样，有小叶杨、油松、山杏、侧柏、杜松、火炬树、臭椿林等，灌木林还有可供观赏的紫丁香

和黄刺玫等。其适于生长的主要原因是土壤条件好，含水量高，光照时间长，地势条件相对稳定等。该单元的生态系统最为稳定，天然植被和人工林的种类和覆盖度也是最高的，无需人工治理。

1.3.1.3 覆沙梁峁坡单元

覆沙梁峁坡单元沙土较多，土壤含水量较低，虽地势平缓，日照也较多，但植被种类单一，覆盖度也较低。根据调研结果，覆沙梁峁坡单元植被类型、繁殖方式、生长方式及重要性如表 1-4 所示。

表 1-4 覆沙梁峁坡单元植被类型及特征

坡面类型		植被类型	主要繁殖方式	生长方式	生物重要性 (%)
覆沙梁峁坡单元	乔木	圆头柳（*Salix capitata* Y. L. Chou et Skv）	种子、扦插	单株	8.46
		旱柳（*Salix matsudana* Koidz）	种子、扦插	单株	1.62
		小叶杨（*Populus simonii* Carrière）	种子、扦插	单株	1.84
	灌木	沙柳（*Salix psammophila* C. Wang et Ch. Y. Yang）	扦插	群落	28.19
		油蒿（*Artemisia ordosica* Krasch.）	种子、扦插	群落	20.36
		柠条（*Caragana Korshinskii* Kom）	种子、分根	单株	9.76
		沙棘（*Hippophae rhamnoides* Linn）	根蘖	群落	3.09
		细枝岩黄芪（*Hedysarum scoparium* Fisch. et Mey.）	种子	单株	5.76
	草本植物	沙蓬（*Agriophyllum squarrosum* (L.) Moq.）	种子	单株或群落	1.68
		刺沙蓬（*Salsola ruthenica* Ilgin.）	种子	单株或群落	1.52
		根茎冰草（*Agropyron michnoi* Roshev）	种子、根茎	丛生	2.23
		披碱草（*Elymus dahuricus* Turcz）	种子	丛生	2.95
		芨芨草（*Achnatherum splendens* (Trin.) Nevski）	种子、分株	丛生	2.84
		赖草（*Leymus secalinus* (Georgi) Tzvel）	种子、根茎	丛生群落	3.81
		旱生型芦苇（*Phragmites Adans*）	根蘖	丛生	1.16
		蒲公英（*Taraxacum mongolicum* Hand.-Mazz.）	种子	单株	0.92
		沙打旺（*Astragalus adsurgens* Pall）	种子	单株或群落	1.38
	其他	56 种	—	—	2.43

覆沙梁峁坡单元的植被种类较少，共 73 种。根据实地测量，植被覆盖度仅为 47.9%。从重要性值来看，沙柳和油蒿已经占据最优势地位，明显高于其他植被，其次是柠条、圆头柳、细枝岩黄芪以及禾本科根茎植被赖草等。沙柳极其耐旱耐贫瘠，并且沙埋特征明显，越埋越旺，是风沙地的主要灌木树种。油蒿属于超旱生植被，叶子具有较厚的角质层，可抑制水分蒸发，是沙地中演替初期的先锋物种。从繁殖方式来看，大多植被都是以无性和有性繁殖方式共存，而少部分植被以种子繁殖为主。在风沙地区，风力是主要的传播方式，其特征最为明显的就是蒲公英的种子传播。从生长方式来看，大多植被都是以群落或丛生为主，说明植被种类虽单一，但是能够大量的繁殖并生长，这主要和它们的生长习性有关。该单元的植被最重要的特征就是耐旱耐贫瘠耐沙埋，基本上所有的优势植被都具有这样的生长习性。

1.3.2 砒砂岩坡面植被类型

1.3.2.1 覆土砒砂岩坡面

1. 黄土垂直节理发育单元

黄土垂直节理发育单元，坡面极为陡峭，近似垂直，植被覆盖度很低。根据调研结果，黄土垂直节理发育单元植被类型、繁殖方式、生长方式、重要性值和植被覆盖度如表1-5所示。

表 1-5　黄土垂直节理发育单元植被类型及特征

坡面类型	植被类型		主要繁殖方式	生长方式	生物重要性（%）	植被覆盖度（%）
黄土垂直节理发育单元	乔木	大果榆（*Ulmus macrocarpa* Hance）	种子、根蘖	丛生	7.9	0.88
	灌木	酸枣（*Ziziphus jujuba* Mill. var. spinosa (Bunge) Hu ex H. F. Chow）	根蘖	丛生	86.1	1.69
		沙棘（*Hippophae rhamnoides* Linn）	根蘖	丛生	6.0	0.14

从表1-5可以看出，黄土垂直节理发育单元的植被类型为大果榆、酸枣和沙棘。从重要性值来看，酸枣最为重要，其次为大果榆和沙棘。黄土垂直节理发育单元主要位于上坡位，阳光充足，但是水分含量低，而酸枣喜生于干燥且温暖的环境，因此酸枣成为该单元的优势物种。从繁殖方式来看，主要繁殖方式为根蘖繁殖。从生长方式来看，以丛生为主。在研究区内发现，丛生的植被群落区域相对应的梁峁坡及坡沿都生长着大量的相同植被，这说明黄土垂直节理发育单元坡面极为陡峭，本身并不具备植被生根发芽的土壤环境与条件，而是坡顶植被根系依靠强大的延伸力和根蘖能力，向下延伸并逐渐出露形成新的萌芽点，从而繁衍出新的植株。从植被覆盖率来看，酸枣覆盖率最高才达到1.69%，这主要是由于土壤肥力和水分等条件有限，植株并不能形成高大乔木和繁密灌木林，因此认为该单元不宜进行人工林建设，宜实施工程措施，以固化为主，防止降雨等侵蚀。

2. 黄土覆盖不稳定单元

黄土覆盖不稳定单元则主要是垂直节理发育区坍落形成的二次不稳定坡面，通常覆盖在陡峭的砒砂岩基岩表层（角度大于45°），该种类型坡面存在时间较短，发育剧烈，一经雨水冲刷或风力搬运，就会逐渐消失，植被难以扎根生长。经对该类型单元大量调研，未发现有植被生长。由于黄土垂直节理发育单元是形成该单元的主要原因，因此若是对垂直区域进行完全固定，则该单元也不会出现。

3. 黄土覆盖相对稳定单元

黄土覆盖相对稳定单元坡面角度主要集中在35°～45°，此类单元植被类型、繁殖方式、生长方式和重要性如表1-6所示。

表1-6　黄土覆盖相对稳定单元植被类型及特征

坡面类型		植被类型	主要繁殖方式	生长方式	生物重要性 (%)
黄土覆盖相对稳定单元	乔木	小叶杨（*Populus simonii* Carrière）	种子、扦插	单株	2.26
		旱柳（*Salix matsudana* Koidz.）	种子、扦插	单株	1.75
		旱榆（*Ulmus glaucescens* Franch.）	种子	单株	1.40
	灌木	沙棘（*Hippophae rhamnoides* Linn）	根蘗	群落	31.2
		柠条（*Caragana Korshinskii* Kom）	种子、分根	单株	3.4
		酸枣（*Ziziphus jujuba* Mill. var. spinosa (Bunge) Hu ex H. F. Chow）	根蘗	丛生	0.6
	半灌木	蒙古莸（*Caryopteris mongholica* Bunge）	根茎	群落	1.05
		百里香（*Thymus mongolicus* Ronn）	茎生根	单株或群落	0.57
		万年蒿（*Artenmisia gmelinii* Web.ex Stechm）	根蘗、种子	单株或群落	3.81
		草木樨状黄芪（*Astragalus melilotoides* Pall.）	种子	单株或群落	0.60
	草本植物	赖草（*Leymus secalinus* (Georgi) Tzvel）	种子、根茎	丛生群落	11.4
		针茅（*Stipa capillata* Linn）	种子	丛生	8.21
		芨芨草（*Achnatherum splendens* (Trin.) Nevski）	种子、分株	丛生	0.19
		披碱草（*Elymus dahuricus* Turcz）	种子	丛生	4.5
		根茎冰草（*Agropyron michnoi* Roshev）	种子、根茎	丛生	2.01
		白草（*Pennisetum centrasiaticum* Tzvel.）	种子、根茎	丛生	0.35
		狗尾草（*Setaria glauca* (L.) Beauv.）	种子	单株或群落	1.01
		阿尔泰狗娃花（*Heteropappus altaicus* (Willd) Novopokr）	种子、分株	单株或群落	4.28
		猪毛菜（*Salsola collina* Pall）	种子	单株	3.12
		甘草（*Glycyrrhiza uralensis* Fisch）	根茎、种子	单株	0.70
		碱蒿（*Artemisiaanethifolia* Weber）	种子	单株	1.45
		二裂委陵菜（*Potentilla bifurca* Linn）	根茎	单株	2.12
		草地风毛菊（*Saussurea amara* DC.）	种子	单株	0.57
		草木樨（*Melilotus suaveolens* Ledeb.）	种子	单株或群落	2.02
		紫花苜蓿（*Medicago sativa* L.）	种子	单株或群落	3.92
		沙打旺（*Astragalus adsurgens* Pall）	种子	单株或群落	0.56
	其他	112种	—	—	6.95

　　在黄土覆盖相对稳定单元调研区域所发现的植被种类共有138种。从重要值来看，沙棘重要性最高达到31.2％，面积最广，为优势群落；其次为禾本科的赖草、针茅和披碱草，菊科中的万年蒿、阿尔泰狗娃花以及豆科的紫花苜蓿和草木樨也为突出的优势品种。从繁殖方式来看，该单元植被的繁殖方式大都是有性和无性共存。从生长方式来看，多以群落为主，因此植被丰富度高并且生长繁密。此类单元植被自然恢复良好，生态系统逐渐趋于稳定，无需人工栽培和治理，主要依靠自身繁殖成林。

1.3.2.2 裸露砒砂岩坡面

1. 白色裸露砒砂岩垂直单元

白色裸露砒砂岩垂直单元发育多为板状水平层理，多位于沟坡中上部，主要受到重力侵蚀的影响，经常发生块状岩体掉落，极为不稳定，经测量大量该单元坡面角度一般大于70°。在研究区内对大量白色裸露砒砂岩垂直单元进行植被调查，只发现一个单元上有三株根蘖繁殖的酸枣外，无其他植被生长。由于酸枣数量很少，又认为是梁峁坡顶部酸枣根系延伸并在此单元坡面露出新的萌芽点，而形成新的植株，具有一定的偶然性，因此认为该单元不适合植被生长与繁殖，可以同黄土垂直节理发育单元一样，进行工程措施完全固结。

2. 白色裸露砒砂岩不稳定单元

该单元表层风化严重呈片状剥落，角度集中分布在35°～70°。该类型单元植被类型、繁殖方式、生长方式、重要性和植被覆盖度如表1-7所示。

表1-7　白色裸露砒砂岩不稳定单元植被类型及特征

坡面类型		植被类型	主要繁殖方式	生长方式	生物重要性（%）	植被覆盖度（%）
白色裸露砒砂岩不稳定单元	灌木	酸枣（*Ziziphus jujuba* Mill. var. spinosa (Bunge) Hu ex H. F. Chow）	根蘖	丛生	59.8	0.27
		沙棘（*Hippophae rhamnoides* Linn）	根蘖	丛生	40.2	0.13

白色裸露砒砂岩不稳定单元植被类型主要为酸枣和沙棘。从重要性来看，酸枣为最优势品种，它的重要性要大于沙棘的重要性，不过相差不大。而繁殖方式都为根蘖繁殖，生长方式以丛生为主，这跟黄土垂直节理发育单元相同，都是依靠植被根系的向下延伸和根蘖能力，逐渐出露形成新的萌芽点。但是此类单元由于水肥等条件限制并不能郁闭成林。通过分析植被覆盖率也说明植被株数很少，没有成林。主要是由于白色砒砂岩的自身岩性不稳定，并且保水和持水效果差，再加上植被根系对岩体既有固结作用也有破坏作用。其破坏作用主要是因为植被的根系可以横向扩展，导致比较坚硬的岩体内部开裂，直至根系延伸至表层，促使表层岩石脱落。植被的固结作用远小于破坏作用。因此，该单元不适宜植被生长，也不适宜人工栽培树种，应进行固化处理。

3. 红白相间砒砂岩不稳定单元

红白相间砒砂岩不稳定单元风蚀、水蚀也比较严重，表层岩石易脱落，岩体未发育成熟且不稳定。此单元坡面角度集中分布在35°～45°，属于不稳定单元区域。对该类型单元植物种类、繁殖方式、生长方式、重要性及覆盖度进行调研与汇总分析，在调研过程中由于坡向的不同导致植被类型有很大差异，因此区分阴坡和阳坡，如表1-8所示。

表 1-8　红白相间砒砂岩不稳定单元植被类型及特征

坡面类型			植被类型	主要繁殖方	生长方式	生物重要性 (%)	植被覆盖度 (%)
红白相间砒砂岩不稳定单元	阴坡	灌木	沙棘（*Hippophae rhamnoides* Linn）	根蘖	群落	72.57	15.32
			柠条（*Caragana Korshinskii* Kom）	分根	单株	1.98	0.52
			酸枣（*Ziziphus jujuba* Mill. var. spinosa (Bunge) Hu ex H. F. Chow）	根蘖	群落	2.15	0.65
		半灌木	蒙古莸（*Caryopteris mongholica* Bunge）	根茎	群落	5.44	1.43
			百里香（*Thymus mongolicus* Ronn）	茎生根	单株或群落	0.96	0.28
			万年蒿（*Artenmisia gmelinii* Web.ex Stechm）	根蘖	单株或群落	6.82	1.87
			草木樨状黄芪（*Astragalus melilotoides* Pall.）	种子	单株或群落	0.83	0.26
		其他	63 种	—	—	9.25	2.58
	阳坡	灌木	沙棘（*Hippophae rhamnoides* Linn）	根蘖	丛生或单株	11.15	0.92
		半灌木	百里香（*Thymus mongolicus* Ronn）	茎生根	丛生	0.47	0.02
			万年蒿（*Artenmisia gmelinii* Web.ex Stechm）	根蘖	丛生或单株	29.03	3.56
			蒙古莸（*Caryopteris mongholica* Bunge）	根茎	群落	55.86	7.61
		其他	12 种	—	—	3.49	0.31

　　红白相间砒砂岩不稳定单元阳坡的主要植被为沙棘、百里香、蒙古莸和万年蒿。从重要性值来看，蒙古莸重要性最高，达到 55.86%，其次为万年蒿和沙棘。其繁殖方式主要为营养繁殖的根蘖或根茎繁殖，可见在比较恶劣的条件下，无性繁殖是植物生存的重要特征。从覆盖度来看，蒙古莸的覆盖度最高，其次为万年蒿、沙棘和百里香。覆盖度数值从整体来看，在阳坡，灌木和半灌木不能郁闭成林，只能以疏林形式存在。从生长方式来看，沙棘和蒙古莸、万年蒿都能形成丛生群落。然而蒙古莸和万年蒿在阳坡更为广泛生长，且蒙古莸在阳坡具有绝对生存优势，覆盖率达到 7.61%，远高于其他植被。主要原因是蒙古莸的抗旱抗寒能力极高，虽是浅根系植被，但其根系在基岩表层易萌蘖，能够在红白相间砒砂岩不稳定单元露出新的萌芽点，形成新的植株来繁殖下一代。万年蒿具备和蒙古莸一样的繁殖特征和生长习性，因此可以成为红白相间砒砂岩不稳定单元阳坡的优势群落。

　　而在红白相间砒砂岩不稳定单元的阴坡，植物种类有着明显的增加。从重要性值来看，沙棘最为重要，达到了 72.57%，其次为万年蒿和蒙古莸。沙棘在阴坡有了突出的重要性，这说明阴坡有充足的水分能够满足沙棘的生长需要，并且沙棘的根系具有可塑性，再依靠自身强大的根蘖繁殖力，迅速地形成很大的郁闭面积和优势群落。次生植被万年蒿、蒙古莸主要依靠先锋物种沙棘的侵入，然后逐步演替，但是重要性、覆盖率远远小于沙棘。

阳坡与阴坡对比，植被种类从 16 种增加至 70 种，植物丰富度明显增加。从覆盖率来看从 12.42% 增加至 22.91%，植被的丛林面积也大大增加。从植被种类可以看出，浅根系植被逐渐向深根系植被演变，并且繁殖方式也有以无性繁殖为主向无性和有性繁殖都重要的情况转变。这就说明在各种立地条件（除了坡向因子）相似的情况下，水分是影响红白相间砒砂岩不稳定单元植被类型和特征的最关键因子。

1.3.2.3 覆沙砒砂岩坡面

1. 砒砂岩溜沙坡单元

在沟坡裸露区砒砂岩基岩出露，经风化作用表层砒砂岩颗粒脱落，在坡脚堆积并增厚逐渐上移，直至砒砂岩颗粒的抗滑力与滑动力相等，此时坡面单元处于临界的平衡状态（35°）。若受降雨影响，在沟道处形成径流，侵蚀沟道两侧，淘空坡脚，即再次失去平衡。但是在自然条件下，上面的过程会再次循环，直到相对稳定为止。溜沙坡接近于沟道底部，并且土壤疏松，蓄水能力较好。阴阳坡的植被类型不同主要是因为水分条件不同，既然溜沙坡含水量较好，因此没必要讨论阴阳坡和覆盖度。表 1-9 主要是植被类型、繁殖方式、生长方式及生物重要性。

表 1-9　砒砂岩溜沙坡单元植被类型及特征

坡面类型	植被类型		主要繁殖方式	生长方式	生物重要性 (%)
砒砂岩溜沙坡单元	草本植物	赖草（*Leymus secalinus* (Georgi) Tzvel）	种子、根茎	丛生	47.62
		芦苇（*Phragmites australis* (Cav.) Trin.ex Steudel.）	根茎	丛生	5.27
		假苇拂子茅（*Calamagrostis pseudophragmites*(Hall.F.) Koel）	根茎	丛生	40.83
		白草（*Pennisetum centrasiaticum* Tzvel.）	种子、根茎	丛生	2.15
		绳虫实（*Corispermum declinatum* Steph. ex Stev）	种子	单株	1.53
	其他	32 种	—	—	2.60

从表 1-9 可以看出，砒砂岩溜沙坡单元主要植被为禾本科的赖草、芦苇、假苇拂子茅、白草和藜科的绳虫实。从重要性来看，赖草成为最优势物种，重要值达到 47.62%，其次为假苇拂子茅、芦苇等。从繁殖方式来看，还是以根茎繁殖为主，生长方式都是丛生，除了绳虫实单株生长外。根茎型的禾本科成为突出的优势群落，其主要原因为溜沙坡底部接近沟道，水分充足，土壤疏松，沟道内生长的大量根茎型禾本科植被依靠根茎延伸至溜沙坡内，逐渐出露形成新芽，生长成新的植株。而绳虫实也能够成为优势群落的主要原因是它比禾本科植被耐旱性高，在远离沟道内的溜沙坡处水分较少，它则成为最先入侵的植被。溜沙坡单元处于坡面演变初期，先锋物种主要为草本植被，它慢慢趋向稳定，植被继而向灌木等演变。

2. 覆沙砒砂岩相对稳定单元

覆沙砒砂岩相对稳定单元坡面角度主要集中在 35° 以下，对此类单元植被种类、繁殖方式、生长方式和重要性进行调研和汇总分析，如表 1-10 所示。

表 1-10 覆沙砒砂岩相对稳定单元植被类型及特征

坡面类型		植被类型	主要繁殖方式	生长方式	生物重要性(%)
覆沙砒砂岩相对稳定单元	乔木	小叶杨（*Populus simonii* Carrière ）	种子、扦插	单株	1.11
		旱榆（*Ulmus glaucescens* Franch. ）	种子	单株	0.70
	灌木	沙棘（*Hippophae rhamnoides* Linn ）	根蘖	群落	26.2
		柠条（*Caragana Korshinskii* Kom ）	种子、分根	单株	12.4
		酸枣（*Ziziphus jujuba* Mill. var. spinosa (Bunge) Hu ex H. F. Chow ）	根蘖	群落	1.1
	半灌木	蒙古莸（*Caryopteris mongholica* Bunge ）	根茎	群落	3.54
		百里香（*Thymus mongolicus* Ronn ）	茎生根	单株或群落	0.57
		万年蒿（*Artenmisia gmelinii* Web.ex Stechm ）	根蘖、种子	单株或群落	13.61
		草木樨状黄芪（*Astragalus melilotoides* Pall. ）	种子	单株或群落	0.72
	草本植物	赖草（*Leymus secalinus* (Georgi) Tzvel ）	种子、根茎	丛生群落	3.44
		针茅（*Stipa capillata* Linn ）	种子	丛生	6.51
		披碱草（*Elymus dahuricus* Turcz ）	种子	丛生	2.25
		根茎冰草（*Agropyron michnoi* Roshev ）	种子、根茎	丛生	0.82
		阿尔泰狗娃花（*Heteropappus altaicus* (Willd) Novopokr ）	种子、分株	单株或群落	3.33
		猪毛菜（*Salsola collina* Pall ）	种子	单株	0.82
		碱蒿（*Artemisiaanethifolia* Weber ）	种子	单株	8.00
		草地风毛菊（*Saussurea amara* DC. ）	种子	单株	2.57
		绳虫实（*Corispermum declinatum* Steph. ex Stev ）	种子	单株	0.57
		紫花苜蓿（*Medicago sativa* L. ）	种子	单株或群落	2.28
		草木樨（*Melilotus suaveolens* Ledeb. ）	种子	单株	2.15
		沙打旺（*Astragalus adsurgens* Pall ）	种子	单株或群落	1.26
其他		79 种	—	—	6.05

从表 1-10 可以看出，在覆沙砒砂岩相对稳定单元调研区域所发现的植被种类共有 100 种。从重要值来看，沙棘重要性最高，达到 26.2 %，它可以形成灌木林，郁闭成林，其次为菊科的万年蒿、碱蒿、阿尔泰狗娃花、豆科的柠条、紫花苜蓿、草木樨以及禾本科的针茅、赖草、披碱草。该单元植被的繁殖方式大都是有性和无性共存，并且生长方式多以群落为主，因此植被丰富度高并且生长繁密。此类单元植被自然恢复良好，生态系统逐渐趋于稳定，无需人工栽培和治理。

1.3.3 沟道单元植被类型

1.3.3.1 V 型沟道侵蚀单元

该单元开张程度较小，发育剧烈不稳定，并且沟道底部基岩出露，没有沙土沉积，不能给植被提供适生环境，因此只有少量的禾本科植被赖草、拂子茅和菊科的艾蒿等生长。若有较大的降雨在沟道形成径流，植被会被大量沙埋或被冲走，水土流失严重。此单元发育不成熟，生态系统薄弱，不能自我恢复，需要加大对沟坡侵蚀的治理，防止该单元的流失，促使生态环系统稳定和多样化。

1.3.3.2　U 型沟道侵蚀单元

U 型沟道侵蚀单元土壤环境和生态环境趋于稳定，对此类单元植被类型、繁殖方式、生长方式和重要性进行调研和汇总分析，如表 1-11 所示。

表 1-11　U 型沟道单元植被类型及特征

沟道类型	植被类型		主要繁殖方式	生长方式	生物重要性(%)
U 型沟道单元	乔木	小叶杨（*Populus simonii* Carrière）	种子、扦插	单株	1.93
		旱柳（*Salix matsudana* Koidz）	种子、扦插	单株	2.82
	灌木	沙棘（*Hippophae rhamnoides* Linn）	根蘖	单株或群落	9.13
		沙柳（*Salix psammophila* C. Wang et Ch. Y. Yang）	扦插	单株	5.21
		乌柳（*Salix cheilophila* C. K. Schneid.）	扦插	单株	2.64
	草本植物	艾蒿（*Artemisia argyi* H. Lév. & Vaniot）	种子、根茎	单株或群落	3.82
		赖草（*Leymus secalinus* (Georgi) Tzvel）	种子、根茎	丛生群落	25.50
		披碱草（*Elymus dahuricus* Turcz）	种子	丛生	4.21
		根茎冰草（*Agropyron michnoi* Roshev）	种子、根茎	丛生	3.87
		旱生型芦苇（*Phragmites australis* (Cav.) Trin.ex Steudel.）	根茎	丛生	6.14
		假苇拂子茅（*Calamagrostis pseudophragmites* (Hall.F.) Koel）	根茎	丛生	21.30
		紫花苜蓿（*Medicago sativa* L.）	种子	单株或群落	2.46
		草木樨（*Melilotus suaveolens* Ledeb.）	种子	单株	6.18
		沙打旺（*Astragalus adsurgens* Pall）	种子	单株或群落	1.76
	其他	23 种	—	—	3 .03

从表 1-11 可以看出，经在所选区域调研发现，U 型沟道单元植被种类较多，共 37 种。从重要性值来看，禾本科的根茎植被赖草成为最优势物种，达到 25.5 %，其次为假苇拂子茅、沙棘、草木樨、旱生型芦苇等。从繁殖方式来看，禾本科和菊科植被主要以根茎繁殖为主，豆科植被主要以有性繁殖为主，杨柳科植被有性与无性繁殖共存。沙棘依然具有很大的优势，是最重要的灌木植被。从生长方式来看，大多植被都能够形成群落，以此可以说明沟道内植被覆盖度较高，分布面积较广。沙棘在沟道内可以得到充足的水分，并且土壤厚度较高，有着非常稳定的地理和土壤条件，可以郁闭成林。禾本科赖草、旱生型芦苇等根茎型植被之所以成为优势群落，是因为耐沙埋并且沟道内水分充足。沙柳、乌柳重要程度很高，跟它们的生长习性有很大的关系，同禾本科植被一样，喜生于沙土地并且繁殖能力强大。豆科植被草木樨、紫花苜蓿有性繁殖力很强并且具有根瘤菌，可以改良土壤，为伴生植被提供大量的氮肥。此单元生态系统趋于稳定，若需增加水土保持能力，可以适当地建立植物柔性坝。

第 2 章

砒砂岩区植物各论

砒砂岩区外业调查采用"样线法"和重点片段调查法，"样线法"确定的具体路线如图 2-1 所示。通过对整个砒砂岩区的典型植物种类、形态特征以及生境分布的调研，总共记录有乔木 29 种，灌木 20 种，草本植物 152 种，以期提高对砒砂岩区典型植物的认识和分布规律的探索，为砒砂岩区水土治理中生物防治措施的进一步研究提供参考依据。

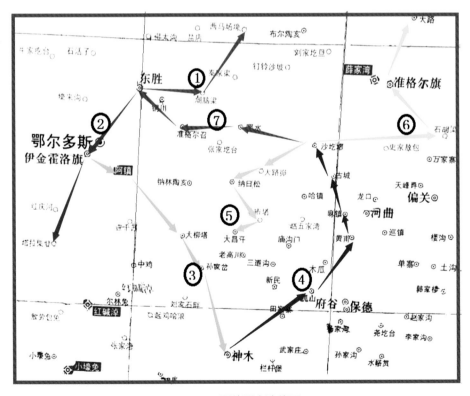

图 2-1 野外调查路线图

2.1 乔木

001 白扦 *Picea meyeri* Rehder & E. H. Wilson
松科，云杉属；别名　红扦

形态特征

乔木，高可达 30 m，胸径约 60 cm。树皮呈灰褐色，裂成不规则的薄片脱落。一年生小枝淡黄褐色，密生或疏生短毛，或无毛；二年或三年生枝黄褐色或淡褐色；小枝基部芽鳞宿存，先端向外反曲。叶四棱状锥形，长 1~2 cm，宽 1.2~1.8 cm，先端微钝或钝，横断面四棱形，上面有气孔线 6~9 条，下面有气孔线 3~5 条；小枝上面的叶伸展，两侧和下面的叶向上弯伸；一年生叶淡灰蓝绿色，二年或三年生叶暗绿色。球果矩圆状圆柱形，微有树脂，长 6~9 cm，径 2.5~3.5 cm，幼球果紫红色，直立，成熟前绿色，下垂，成熟时褐黄色；种子倒卵形，暗褐色，连翅长 1~1.5 cm。花期 5 月，球果成熟期 9 月。

生境分布

中生植物，生于山地阴坡、半阴坡或沙地，常组成纯林或与其他针阔叶树种成混交林。在砒砂岩区内，广泛分布于覆土、覆沙和裸露砒砂岩侵蚀物沉积区。因其耐干旱、耐贫瘠，抗病害能力强，成为砒砂岩区一种主要的植树造林树种，也是城市道路绿化的主要树种之一。在人工林中为纯林或者可与油松、山杏形成混交林，亦可与柠条和沙棘形成乔灌林地，水土保持效果较好。

002 油松 *Pinus tabuliformis* Carrière

松科，松属；别名 短叶松

形态特征

乔木，高达 25 m，胸径可达 1.8 m；树皮深灰褐色或褐灰色，裂成不规则较厚的鳞状块片。一年生枝较粗，淡灰黄色或淡红褐色，无毛，幼时微被白粉。针叶 2 针一束，长 10~15 cm，径约 1.5 mm，粗硬，不扭曲，横断面半圆形；叶鞘淡褐色或淡黑灰色，宿存，有环纹。球果卵球形或圆卵形，长 4~9 cm，成熟前绿色，成熟时淡橙褐色或灰褐色，留存树上数年不落；鳞盾多呈扁菱形或菱状多角形，肥厚隆起或微隆起，横脊显著，鳞脐有刺，不脱落；种子褐色，卵圆形或长卵圆形，连翅长 15~18 mm。花期 5 月，球果成熟于翌年 9~10 月。

生境分布

中生植物。油松为我国特有树种，分布较广。在砒砂岩区广泛分布于各个区域，一直是覆土砒砂岩区和裸露砒砂岩侵蚀物沉积区的主要植树造林树种，在覆沙砒砂岩区也有大面积的分布，长势良好，水土保持效果较好。常形成纯林，抗病虫害能力强，人工林中也常与沙棘混交形成乔灌混交林，水土保持效果良好。根据调研结果，油松尤其适宜在裸露砒砂岩区生长，覆土区次之，覆沙区再次之。在覆沙区与柠条形成混交林，长势良好，宜大面积推广种植。

003 樟子松（变种） *Pinus sylvestris* L. var. mongholica Litv.

松科，松属；别名 海拉尔松

形态特征

乔木，高达 30 m，胸径可达 1 m；树干下部树皮黑褐色或灰褐色，深裂成不规则的鳞状块片脱落，上部树皮及枝皮黄色或褐黄色，薄片脱落。针叶 2 针一束，长 4~9 cm，径 1.5~2 mm，硬直，扭曲，横断面半圆形；叶鞘宿存，黑褐色。球果圆锥状卵形，长 3~6 cm，径 2~3 cm，成熟前绿色，成熟时淡褐色；种鳞的鳞盾多呈斜方形，纵横脊显著，肥厚，隆起向后反曲或不反曲，鳞脐小，瘤状有易脱落的短刺；种子长卵圆形或倒卵圆形，微扁，黑褐色，连翅长 11~15 mm。花期 6 月，球果成熟于翌年 9~10 月。

生境分布

中生植物。樟子松属于油松变种，其适生性能与油松相近，被广泛栽种于砒砂岩区。

004 侧柏 *Platycladus orientalis* (L.) Franco
柏科，侧柏属；别名　香柏、柏树

形态特征

常绿乔木，高达 20 m，胸径可达 1 m，树冠圆锥形。树皮淡灰褐色，纵裂成条片。小枝直展，扁平，排成一平面。叶鳞形，长 1~3 mm，先端微钝。球果近卵圆形，长 1.5~2 cm，熟时种鳞张开，木质，红褐色。中间两对种鳞倒卵形或椭圆形，鳞背顶端的下方有一向外弯曲的尖头，上部一对种鳞窄长，近柱形，顶端有向上的尖头；下部一对种鳞短小。种子卵圆形或近椭圆形，顶端微尖，灰褐色或紫褐色，无翅或有极窄的翅。花期 5 月，球果成熟于 10 月。

生境分布

中生植物。在砒砂岩区广泛分布于覆土、覆沙和裸露砒砂岩侵蚀物沉积区，常见于梁峁顶、梁峁坡及道路沿线，在沟坡和沟道内分布较少。多人工栽种为纯林，自然生长较为少见。

005 杜松 *Juniperus rigida* Siebold & Zucc.

柏科，刺柏属；别名　崩松、刚松

形态特征

小乔木，高可达 11 m，树冠塔形或圆柱形。树皮褐灰色，纵裂成条片状脱落。小枝下垂或直立，幼枝三棱形，无毛。刺叶 3 叶轮生，质厚，挺直，长 12~22 mm，宽约 1.2 mm，先端锐尖，上面凹下成深槽，有 1 条白色气孔带，横断面成 "V" 字状，雌雄异株，雄球花着生于一年生枝的叶腋，椭圆形，黄褐色；雌球花亦腋生于一年生枝的叶腋，球形，绿色或褐色。球果圆球形，径 6~8 mm，成熟前紫褐色，成熟时淡褐黑色或蓝黑色，被白粉，内有 2~3 粒种子；种子近卵圆形，顶端尖，有 4 条钝棱，具树脂槽。花期 5 月，球果成熟于翌年 10 月。

生境分布

旱中生植物。在砒砂岩区主要分布于覆土和裸露砒砂岩侵蚀物沉积区，在覆沙区较为少见。生长于梁峁顶、梁峁坡，在沟坡和沟道内少见。在砒砂岩区是人工林的一种，但是抗逆性差于油松、樟子松、侧柏等，成活率也相对较低，分布面积和范围也相对较小。

006 小叶杨 *Populus simonii* Carrière

杨柳科，杨属；别名　明杨、水桐

形态特征

乔木，高达 22 m。树皮灰绿色，老时暗灰黑色，深裂。小枝和萌发枝有棱角，红褐色，后变黄褐色，无毛。叶菱状卵形、菱状椭圆形或菱状倒卵形，长 4~10 cm，宽 2.5~4 cm，先端渐尖或突尖，基部楔形或狭楔形，长枝叶中部以上最宽，边缘有细锯齿，上面通常无毛，下面淡绿白色，无毛；叶柄长 0.5~4 cm，上面带红色。雄花序长 4~7 cm，苞片边缘齿裂或条裂；雄蕊通常 8~9；雌花序长 3~6 cm，果序长达 15 cm，无毛。蒴果 2~3，瓣裂。花期 4 月，果熟期 5~6 月。

生境分布

中生植物。小叶杨在砒砂岩区广泛分布于覆土、覆沙和裸露砒砂岩侵蚀物沉积区，在梁峁坡、沟坡和沟道内都较为常见，属于砒砂岩地区乡土树种，是人工林建设的主要树种之一，也是道路绿化的常用树种。自然情况下，单株散生或形成纯林。在 45° 以下坡面多根茎繁殖形成疏林群落；在人工林中可与沙棘形成混交林，长势良好，水土保持和生态恢复效果良好，是一种适宜推广种植的模式。

007 毛白杨 *Populus tomentosa* Carrière

杨柳科，杨属

形态特征

乔木，高达 30 m。幼树树皮灰白色或灰绿色，不开裂；皮孔菱形，老树干基部灰黑色，纵裂。嫩枝及叶背面有灰白色绒毛，后渐脱落。叶三角状卵形或近圆形，短枝叶长 5~12 cm，宽 4~10 cm，长枝叶比短枝叶稍大一些，先渐尖，基部心形或宽楔形，边缘有波状齿，叶柄侧扁，长 3~6 cm。雄花序长 10~20 cm，苞片先端撕裂，密生柔毛；雌花子房椭圆形，柱头 2 裂。蒴果长卵形，熟时 2 瓣裂。花期 4 月，果期 5 月。

生境分布

中生植物。在砒砂岩区内，覆土、覆沙和裸露砒砂岩侵蚀物沉积区均有栽培。多用于道路绿化，较少用于荒山的生态治理，因此在梁峁坡、沟道等分布较少。

008 新疆杨（变种）
Populus alba L. var. pyramidalis Bunge

杨柳科，杨属

形态特征

乔木，高可达 30 m。树皮灰白色，平滑，老干粗糙沟裂。长枝的叶卵形或三角状卵形，长 4~10 cm，宽 3~6 cm，掌状 3~5 圆裂或不裂，裂片具三角状粗齿，基部近心形或圆形，上面初被绒毛，后变光滑，下面密生白绒毛或于秋后渐落；短枝上的叶较小，卵形或长椭圆状卵形，长 2.5~5 cm，边缘具深波状锯齿，背面具灰白色绒毛。雄花序长 3~7.5 cm；苞片紫红色，边缘具不整齐锯齿，具长缘毛；雄蕊 6~11；雌花序长 2~5 cm，花序轴被绒毛；苞片边缘具不整齐的锯齿和长缘毛；花盘斜杯形，绿色，柱头 2，各 2 裂，子房椭圆形，先端尖，具短梗。蒴果光滑，通常 2 瓣裂。花期 3~4 月，果熟期 5~6 月。

本变种和正种的区别

树干直，树冠呈圆柱形或尖塔形；树皮为灰白色或浅绿色，光滑，少裂，萌条和长枝叶掌状深裂而较大，长 8~15 cm，基部平截；短枝上叶近圆形或椭圆形，边缘具粗锯齿，下面绿色，初被薄绒毛，后渐脱落，仅见雄株。

生境分布

中生植物。在砒砂岩区分布较少，仅在覆土砒砂岩区有少量分布于低盐碱的沟道内，在林场、道路绿化带等有人工栽培，不是人工林主要树种。

009 河北杨 *Populus hopeiensis* Hu & Chow

杨柳科，杨属；别名 椴杨、串杨

形态特征

乔木，高可达 30 m，树冠宽卵形。树皮近白色，光滑。小枝圆筒形，光滑，灰褐色；冬芽卵形，无胶质，红褐色，有光泽，被稀疏短柔毛。短枝叶卵形或近圆形，长 3~8 cm，宽 2~7 cm，先端尖或钝尖，基部截形以至圆形，边缘通常有 3~7 波状齿，沿脉及边缘微被柔毛，后变光滑，上面暗绿色，背面苍白色；叶柄扁形，光滑，与叶片近等长；幼树的基部叶带有菱形、倒长卵形或宽披针形的全缘叶，或 1~2 裂，有时呈扇形叶，先端齿裂。雌花序密生白色长柔毛，苞片具白色长柔毛，花梗短而显著，柱头 2，每个又分为 2 浅裂；雄蕊 6，花盘淡绿色，基部有短柔毛。花期 4 月，果期 5~6 月。

本种为山杨与毛白杨的杂交种。

生境分布

中生植物。广泛分布于覆土、覆沙和裸露砒砂岩侵蚀物沉积区，常见于梁峁坡、沟道内，有少量散生于沟坡。耐旱性强，属于覆沙地区和覆土地区造林树种。

010 加拿大杨 *Populus canadensis* Moench

杨柳科，杨属；别名　加杨

形态特征

乔木，高达 30 m，树冠卵形。树皮厚，老时呈灰黑色，深纵裂。枝条向上斜升；小枝具明显棱角或呈圆筒形，棕褐色。叶三角形或三角状卵形，长宽 7~10 cm，先端渐尖，基部截形或宽楔形，有时具腺点，叶缘半透明，具内曲弧形锯齿，有缘毛，上面深绿色，下面稍浅；叶柄侧扁而长，呈淡红色。雄花序长 7~15 cm，光滑无毛，苞片淡绿褐色，先端丝状条裂；花盘淡黄绿色，雄蕊 15~45。果序长达 27 cm，蒴果卵圆形，先端锐尖，2~3 瓣裂。花期 4 月，果熟期 5~6 月。本种雄株多，雌株少见。

生境分布

中生植物。在覆土、覆沙和裸露砒砂岩侵蚀物沉积区均有栽培，主要为人工引种栽培，不是水土保持林地主要树种，多常见于道路绿化和林场。因其喜潮湿、沙质土壤，耐一定盐碱，可以适当在沟道内栽种。

011 旱柳 *Salix matsudana* Koidz.
杨柳科，柳属；别名 河柳、羊角柳、白皮柳

形态特征

乔木，高达 10 m；树皮深灰色，不规则浅纵裂。枝斜上，大枝绿色，小枝黄绿色或带紫红色。叶披针形，长 5~10 cm，宽 5~15 mm，先端渐尖或长渐尖，基部楔形，边缘具细锯齿，两面无毛，上面深绿色，下面苍白色；叶柄长 2~8 mm，疏生柔毛；托叶披针形，早落。花序轴有长柔毛，基部有 2~3 枚小叶片；苞片卵形，外侧中下部有白色短柔毛，先端钝，黄绿色；腺体 2，背腹各 1；雄花序短圆柱形，长 1~1.5 cm，径约 6 mm，具短的花梗；雄花具 2 雄蕊，花丝基部有长毛，雌花序矩圆形，长 1.2~2 cm，径约 5 mm；子房矩圆形，光滑无毛，柱头 2 裂。蒴果 2 瓣开裂。花期 4~5 月，果期 5~6 月。

生境分布

中生植物。广泛分布于覆土、覆沙和裸露砒砂岩侵蚀物沉积区。常见于沟道内，城市道路绿化也有栽培，是沟道内栽种的优良树种。

012 白榆 *Ulmus pumila* L.

榆科，榆属；别名　家榆、榆树

形态特征

　　乔木，高可达 20 m，胸径可达 1 m，树冠卵形。树皮暗灰色，不规则纵裂，粗糙。叶矩圆状卵形或矩圆状披针形，长 2~7 cm，宽 1.2~3 cm，先端渐尖或尖，基部近对称或稍偏斜，圆形、微心形或宽楔形，边缘具不规则的重锯齿或为单锯齿。花先叶开放，两性，簇生于去年枝上；花萼 4 裂，紫红色，宿存；雄蕊 4，花药紫色。翅果近圆形或卵圆形，长 1~1.5 cm，除顶端缺口处被毛外，余处无毛，果核位于翅果的中部或微偏上，与果翅颜色相同，为黄白色。花期 4 月，果熟期 5 月。

生境分布

　　旱中生植物。广泛分布于覆土、覆沙和裸露砒砂岩侵蚀物沉积区，在梁峁坡、沟坡和沟道内均有分布，自然生为主，尤其在陡峭的山坡上能够生长或形成疏林，长势良好。调研中发现，其是砒砂岩区适应性极强的树种之一，耐旱、耐寒，具有较高的水土保持价值。

013 垂枝榆（栽培变种）*Ulmus pumila* L. Cv. *pendula*

榆科，榆属；别名　倒榆、垂榆

形态特征

乔木，高可达 20 m，胸径可达 1 m，树冠卵圆形。树皮暗灰色，不规则纵裂，粗糙。叶矩圆状卵形或矩圆状披针形，长 2~7 cm，宽 1.2~3 cm，先端渐尖或尖，基部近对称或稍偏斜，圆形、微心形或宽楔形，边缘具不规则的重锯齿或为单锯齿。花先叶开放，两性，簇生于去年枝上；花萼 4 裂，紫红色，宿存；雄蕊 4，花药紫色。翅果近圆形或卵圆形，长 1~1.5 cm，除顶端缺口处被毛外，余处无毛，果核位于翅果的中部或微偏上，与果翅颜色相同，为黄白色。花期 4 月，果熟期 5 月。与家榆不同的是小枝细长，弯曲下垂，树冠伞形。

生境分布

旱中生植物。广泛分布于覆土、覆沙和裸露砒砂岩侵蚀物沉积区，由人工培育变种，见于道路绿化和园林绿化工程。

014 大果榆 *Ulmus macrocarpa* Hance
榆科，榆属；别名 黄榆、蒙古黄榆

形态特征

落叶乔木或灌木，高达 10 m。树皮灰色或灰褐色，浅纵裂。一、二年生枝黄色或灰褐色，其两侧有时具扁平的木栓翅。叶厚革质，粗糙，倒卵状圆形、宽倒卵形或倒卵形，少为宽椭圆形，长 3~10 cm，宽 2~6 cm，先端短尾状尖或凸尖，基部圆形、楔形或微心形，近对称或稍偏斜，上面被硬毛，后脱落而留下凸起的毛迹，下面具疏毛，脉上较密，边缘具短而钝的重锯齿，少为单齿。花 5~9 朵簇生于去年枝上或生于当年枝基部；花被钟状，上部 5 深裂，裂片边缘具长毛，宿存。翅果倒卵形、近圆形或宽椭圆形，长 2~3 cm，宽 1.5~2.5 cm，两面及边缘具柔毛，果核位于翅果中部。花期 4 月，果熟期 5~6 月。

生境分布

旱中生植物。常见于覆土砒砂岩区，在裸露砒砂岩侵蚀物沉积区也有分布，在覆沙区较为少见。常见于梁峁坡，沟坡陡立处有单株散生，沟道内分布较少。耐旱、耐寒，是砒砂岩区适应性极强的树种之一，具有较高的水土保持价值。

015 杏 *Armeniaca vulgaris* Lam.

蔷薇科，李属；别名　家杏

形态特征

乔木，高可达 10 m。树皮黑褐色，不规则纵裂。单叶互生，叶片宽卵形至近圆形，长 4~8 cm，宽 3~7 cm，先端短尾状渐尖，基部近圆形或近心形，边缘有细钝锯齿。花单生，先叶开放，花直径 2.5~3 cm；萼筒钟状，长 5~6 mm，带紫红色；萼片椭圆形至卵形；花瓣白色或淡红色，宽倒卵形至椭圆形，长 12~16 mm，顶端圆形，基部有短爪；雄蕊多数，比花瓣短；子房被短柔毛。核果近球形，直径 3~4 cm，黄白色至黄红色，常带红晕，有沟，被短柔毛；果肉多汁；果核扁球形，直径 1.5~2 cm，表面平滑，边缘增厚而有锐棱。种子（杏仁）扁球形，顶端尖。花期 5 月，果期 7 月。

生境分布

中生植物。在覆土、覆沙和裸露砒砂岩侵蚀物沉积区均有栽培，在覆土砒砂岩区长势较好。耐旱、耐寒，适应性极强，属于植树造林的主要树种之一。

016 山杏 *Armeniaca sibirica* (L.) Lam.

蔷薇科，李属；别名　野杏

形态特征

小乔木，高 1.5~5 m。单叶，互生，宽卵形至近卵形，长 3~6 cm，宽 2~5 cm，先端渐尖或短骤尖，基部截形，或近心形，稀宽楔形，边缘有钝浅锯齿。花单生，近无柄，萼筒钟状，萼片矩圆状椭圆形；花瓣粉红色，宽倒卵形；雄蕊多数，长短不一；子房密被短柔毛，花柱细长。果近球形，直径约 2 cm，稍扁，密被柔毛，顶端尖；果肉薄，干燥；果核扁球形，平滑，直径约 1.5 cm，厚约 1 cm，腹棱与背棱相似，腹棱增厚有纵沟，背棱增厚有锐棱。花期 5 月，果期 7~8 月。

生境分布

中生植物。在裸露砒砂岩侵蚀物沉积区和覆土砒砂岩区分布较多，常见于梁峁坡，自然以散生为主。目前属于裸露砒砂岩和覆土区植树造林的主要树种，适宜大面积推广。

017 山桃 *Amygdalus davidiana* (Carrière) de Vos ex Henry

蔷薇科，李属；别名 野桃、山毛桃

形态特征

乔木，高 4~6 m。树皮光滑，暗紫红色，有光泽，嫩叶红紫色。单叶，互生，叶片披针形或椭圆状披针形，长 5~12 cm，宽 1.5~4 cm，先端长渐尖，基部宽楔形，边缘有细锐锯齿，两面平滑无毛。花单生，直径 2~3 cm，先叶开放；花萼无毛，萼筒钟形，暗紫红色萼片矩圆状卵形，长约 5 mm；花瓣淡红色或白色，倒卵形或近圆形，长 12~14 mm，先端圆钝或微凹；雄蕊多数，长短不等；子房密被柔毛，花柱顶生，细长。核果球形，直径 2~2.5 cm，密被短柔毛；果肉薄，干燥；果核矩圆状椭圆形，先端圆形，有弯曲沟槽。花期 4~5 月，果期 7 月。

生境分布

中生植物。主要分布于覆土砒砂岩区和裸露砒砂岩侵蚀物沉积区，覆沙区有极少分布。人工栽培为主，常见于梁峁坡，也属于城市道路绿化树种之一。

018 楸子 *Malus prunifolia*（Willd.）Borkh.

蔷薇科，苹果属；别名 海棠果、海红

形态特征

小乔木，高 3~8 m。叶片卵形、椭圆形或长椭圆形，长 4~9 cm，宽 3~5 cm，先端渐尖或锐尖，基部宽楔形或近圆形，边缘有细锐锯齿。伞房花序，有花 5~8 朵；花梗长 2~3.5 cm，被短柔毛；花直径 3~4 cm；萼筒外面密被长柔毛，萼片披针形或三角状披针形，两面均被柔毛；花瓣倒卵形或椭圆形，长 2.5~3 cm，宽约 1.5 cm，基部有短爪，白色，花蕾时粉红色；雄蕊 20，花丝长短不齐，长约为花瓣的 1/3；花柱 4（5），基部合生，有毛。果实卵形或近球形，直径 2~3 cm，红色或黄色，顶端有冠状宿存花萼，萼洼微凸，梗洼稍下陷，果梗比果实长。花期 5 月，果期 9~10 月。

生境分布

中生植物。主要分布在覆土砒砂岩区，裸露砒砂岩侵蚀物沉积区有少量人工栽培。主要生长于梁峁顶和沟道内，属于砒砂岩区适生性植被，具有一定经济价值。

019 苹果 *Malus pumila* Mill.

蔷薇科，苹果属；别名 西洋苹果

形态特征

乔木，高达 15 m。叶片椭圆形、卵形或宽椭圆形，长 2~10 cm，宽 1.6~5.5 cm，先端锐尖，基部宽楔形或圆形，边缘有圆钝锯齿或重锯齿，幼时上下两面密被短柔毛，成长后表面无毛或稍被毛。伞房花序，有花 3~7 朵；花直径 3~4 cm；萼筒外面密被绒毛；萼片三角状披针形；花瓣宽倒卵形、宽卵形或椭圆形，长 1.8~2.2 cm，宽 1.4~1.8 cm，基部有短爪，白色；雄蕊约 20，花丝长短不齐；花柱 5，比雄蕊稍长，基部合生。果实扁圆形、圆形、宽卵形或圆锥形，形状、颜色、香味、品质常随栽培品种不同而异，直径在 2 cm 以上，萼洼与梗洼均下陷，萼片宿存；果梗粗短。花期 5 月，果期 8~10 月。

生境分布

中生植物。在覆土、覆沙和裸露砒砂岩侵蚀物沉积区均有分布，主要为人工栽培。常见于梁峁顶、梁峁坡，也有少量林地分布在沟道内，属于当地一种适应性较好的经济果林。

020 杜梨 *Pyrus betulifolia* Bunge

蔷薇科，梨属；别名 棠梨、土梨

形态特征

乔木，高达 10 m。枝开展，常有刺，幼时密被灰白色绒毛。叶片宽卵形或长卵形，长 4~8 cm，宽 2~4 cm，先端渐尖，稀锐尖或钝圆，基部圆形或宽楔形，边缘有粗锐锯齿，嫩叶两面密被灰白色绒毛，后渐脱落。伞房花序，有花 6~14 朵，花梗长 2~2.5 cm，密被灰白色绒毛；花直径 1.5~2 cm；萼筒外密被灰白色绒毛；花瓣宽卵形，长 7~9 mm，宽 6~7 mm，基部有短爪，白色；雄蕊 17~18，比花瓣短，花药紫色；花柱（2）3，果实近球形，直径 5~10 mm，褐色，有浅色斑点；种子宽卵形，褐色。花期 5 月，果期 9~10 月。

生境分布

中生植物。主要分布于覆土砒砂岩区，裸露砒砂岩侵蚀物沉积区域有少量人工栽培，见于梁峁坡和沟道内。在整个砒砂岩区分布较为分散。耐涝、耐盐碱、耐寒，是盐碱化土壤上梨树的优良砧木，因此可以作为一种优良树种进行推广种植。

021 龙爪槐（变形） *Sophora japonica* L. var. *japonica* form. pendula Hort.

豆科，槐属；别名　垂直槐、蟠槐、倒栽槐

形态特征

羽状复叶长达 25 cm；叶轴初被疏柔毛，旋即脱净；叶柄基部膨大，包裹着芽；托叶形状多变，有时呈卵形、叶状，有时呈线形或钻状，早落；小叶 4~7 对，对生或近互生，纸质，卵状披针形或卵状长圆形，长 2.5~6 cm，宽 1.5~3 cm，先端渐尖，具小尖头，基部宽楔形或近圆形，稍偏斜，下面灰白色，初被疏短柔毛，旋变无毛；小托叶 2 枚，钻状。圆锥花序顶生，常呈金字塔形，长达 30 cm；花梗比花萼短；小苞片 2 枚，形似小托叶；花萼浅钟状，长约 4 mm，萼齿 5，近等大，圆形或钝三角形，被灰白色短柔毛，萼管近无毛；花冠白色或淡黄色，旗瓣近圆形，长和宽约 11 mm，具短柄，有紫色脉纹，先端微缺，基部浅心形，翼瓣卵状长圆形，长 10 mm，宽 4 mm，先端浑圆，基部斜截形，无皱褶，龙骨瓣阔卵状长圆形，与翼瓣等长，宽达 6 mm；雄蕊近分离，宿存；子房近无毛。荚果串珠状，长 2.5~5 cm 或稍长，径约 10 mm，种子间缢缩不明显，种子排列较紧密，具肉质果皮，成熟后不开裂，具种子 1~6 粒；种子卵球形，淡黄绿色，干后黑褐色。花期 7~8 月，果期 8~10 月。

本变种与正种的区别在于：树冠呈伞形，小枝波状，下垂，并向不同方向弯曲盘旋，形似龙爪，易于与其他类型相区别。

生境分布

中生植物。覆土、覆沙和裸露砒砂岩侵蚀物沉积区有人工种植，常见于道路、园林等绿化工程。

022 臭椿 *Ailanthus altissima* (Mill.) Swingle

苦木科，臭椿科；别名　樗

形态特征

乔木，高达 30 m，胸径可达 1 m。树皮平滑。小枝赤褐色，粗壮。单数羽状复叶，小叶 13~41，有短柄，卵状披针形或披针形，长 7~12 cm，宽 2~4.5 cm，先端长渐尖，基部截形或圆形，常不对称，叶缘波纹状，近基部有 2~4 先端具腺体的粗齿，常挥发臭味。花小，白色带绿，杂性同株或异株；花序直立，长 10~25 cm。翅果扁平，长椭圆形，长 3~5 cm，宽 0.8~1.2 cm，初黄绿色，有时稍带红色，熟时褐黄色或红褐色。花期 6~7 月，果熟期 9~10 月。

生境分布

中生植物。分布于覆土和裸露砒砂岩侵蚀物沉积区，人工林栽种常见树种，常见于梁峁坡。耐旱、耐寒，属于水土保持优良树种。

023 火炬树 *Rhus typhina* L.
漆树科，盐肤木属

形态特征

灌木或小乔木，高达 3~10 m。小枝密生绒毛。小叶 11~23 个，椭圆状披针形，长 5~12 cm，先端渐尖，边缘具锯齿，背面带白粉，幼时有细毛，后光滑。圆锥花序顶生密生毛，长 10~20 cm，花淡绿色。核果深红色，密生毛。花期 6~7 月，果期 8~9 月。

生境分布

中生植物。在覆土和裸露砒砂岩侵蚀物沉积区较为常见，覆沙区也有人工栽培。主要生长于梁峁坡，在沟坡也有分布，单株或疏林形式分布，是景观树种，也是一种较好的水土保持植物。

024 枣 *Ziziphus jujuba* Mill.

鼠李科，枣属；别名　枣树

形态特征

小乔木，高达 6 m。枝弯曲呈"之"字形，紫褐色，具柔毛，有细长的刺，刺有两种：一种是直的长刺，可达 3 cm，另一种刺短，呈弯钩状。单叶互生，长椭圆状卵形至卵形，长 3~7 cm，宽 1.5~3 cm，先端钝或微尖，基部偏斜，有三出脉，边缘有钝锯齿，齿端具腺点；叶柄长 0.1~0.5 cm，具柔毛。花黄绿色，2~3 朵簇生于叶腋，花梗短；花萼 5 裂；花瓣 5；雄蕊 5，与花瓣对生，比花瓣稍长，具明显花盘。核果红色或紫红色，卵形至长圆形，长 2~3.5 cm，具短梗，核顶端尖。花期 5~6 月，果熟期 9~10 月。

生境分布

广泛分布于覆土、覆沙和裸露砒砂岩侵蚀物沉积区，不择立地条件，在梁峁坡、沟坡和沟道内均有大量分布，以单株散生为主，耐旱、耐寒、耐贫瘠，是一种适生性极强的水土保持植物。

025 沙枣 *Elaeagnus angustifolia* L.
胡颓子科，胡颓子属；别名 桂香柳、金铃花、银柳、七里香

形态特征

灌木或小乔木，高达 10 m。幼枝被灰白色鳞片及星状毛，老枝栗褐色，具枝刺。叶矩圆状披针形至条状披针形，先端尖或钝，基部宽楔形或楔形，全缘两面均有银白色鳞片；叶柄长 0.5~1 cm。花通常 1~3 朵，生于小枝下部叶腋；花萼筒钟形，内部黄色，外边银白色，有香味，顶端通常 4 裂；两性花的花柱基部被花盘所包围。果实矩圆状椭圆形或近圆球形，直径约 1 cm，初密被银白色鳞片，后渐脱落，熟时橙黄色、黄色或红色。花期 5~6 月，果期 9 月。

生境分布

耐盐的浅水旱生植物。在覆土、覆沙和裸露砒砂岩侵蚀物沉积区均有少量分布，以人工栽培为主。主要分布在沟道内，是荒漠河岸林种之一。

026 紫杆柽柳 *Tamarix androssovii* Litv.

柽柳科，柽柳属；别名 直立紫杆柽柳

形态特征

大灌木或小乔木，高 2~5 m。杆直伸，暗褐红色或黑紫色，有光泽。叶稍抱径，卵形。总状花序春季侧生于去年老枝上，1~3 簇生，常与当年绿色枝同时生出，花序长 3~5 cm，宽 3~5 mm；苞片矩圆状卵形，先端钝；花 4 数，萼片卵形，花萼长为花瓣的 2/3，先端锐尖；花瓣白色，倒卵形，长 1.5 mm，半开张，花后常脱落；花盘 4 裂，紫红色；雄蕊 4；花柱 3，棍棒状。蒴果圆锥形，长 4~5 mm；种子黄褐色。花期 4~5 月，果期 5 月。

生境分布

中生植物。主要分布于覆沙砒砂岩区，在裸露侵蚀物沉积区和覆土砒砂岩区有零星分布。主要生长于沟道等洼地处，固土固沙效果显著。

027 文冠果 *Xanthoceras sorbifolium* Bunge

无患子科，文冠果属；别名 木瓜、文冠树

形态特征

灌木或小乔木，高可达 8 m，胸径可达 90 cm。树皮灰褐色。单数羽状复叶，互生，小叶 9~19，无柄，窄椭圆形至披针形，边缘具锐锯齿。总状花序，长 15~25 cm；萼片 5，花瓣 5，白色，内侧基部有由黄变紫红的斑纹；花盘 5 裂，裂片背面有一角状橙色的附属体，长为雄蕊之半；雄蕊 8，长为花瓣之半；子房矩圆形，具短而粗的花柱。蒴果 3~4 室；种子球形，黑褐色，径 1~1.5 cm，种脐白色。花期 4~5 月，果期 7~8 月。

生境分布

中生植物。主要分布于覆土砒砂岩区，裸露砒砂岩侵蚀物沉积区也有少量分布。常见于梁峁坡和沟道沙土地上。喜光树种，适应性强，耐干旱瘠薄，喜生于背风向阳，土层较厚，中性的沙壤土；抗寒性强，在绝对最低气温达 −42.4 ℃时冻不死。

028 紫丁香 *Syringa oblata* Lindl.

木犀科，丁香属；别名　丁香、华北紫丁香

形态特征

灌木或小乔木，高可达4 m。枝粗壮，光滑无毛，二年枝黄褐色或灰褐色，有散生皮孔。单叶对生，宽卵形或肾形，宽常超过长，宽5~10 cm，先端渐尖，基部心形或楔形，边缘全缘，两面无毛；叶柄长1~2 cm。圆锥花序出自枝条先端的侧芽，长6~12 cm；萼钟状，长1~2 mm，先端有4小齿，无毛；花冠紫红色，高脚碟状，花冠筒长1~1.5 cm，径约5 mm，先端裂片4，开展，矩圆形，长约0.5 cm；雄蕊2，着生于花冠筒的中部或中上部。蒴果矩圆形，稍扁，先端尖，2瓣开裂，长1~1.5 cm，具宿存花萼。花期4~5月。

生境分布

稍耐阴的中生植物。主要分布于覆土砒砂岩区和裸露砒砂岩侵蚀物沉积区。常见于梁峁顶人工林，人工栽培为主，也是道路和园林绿化树种之一。

029 北京丁香 *Syringa pekinensis* Rupr.
木犀科，丁香属

形态特征

　　大灌木或小乔木，高 2~5 m，可达 10 m；树皮褐色或灰棕色，纵裂。小枝带红褐色，细长，向外开展，具显著皮孔，萌枝被柔毛。叶片纸质，卵形、宽卵形至近圆形，或为椭圆状卵形至卵状披针形，长 2.5~10 cm，宽 2~6 cm，先端长渐尖、骤尖、短渐尖至锐尖，基部圆形、截形至近心形，或为楔形，上面深绿色，干时略呈褐色，无毛，侧脉平，下面灰绿色，无毛，稀被短柔毛，侧脉平或略凸起；叶柄长 1.5~3 cm，细弱，无毛，稀有被短柔毛。花序由 1 对或 2 至多对侧芽抽生，长 5~20 cm，宽 3~18 cm，栽培的更长而宽；花序轴、花梗、花萼无毛；花序轴散生皮孔；花梗长 0~1 mm；花萼长 1~1.5 mm，截形或具浅齿；花冠白色，呈辐状，长 3~4 mm，花冠管与花萼近等长或略长，裂片卵形或长椭圆形，长 1.5~2.5 mm，先端锐尖或钝，或略呈兜状；花丝略短于或稍长于裂片，花药黄色，长圆形，长约 1.5 mm。果长椭圆形至披针形，长 1.5~2.5 cm，先端锐尖至长渐尖，光滑，稀疏生皮孔。花期 5~8 月，果期 8~10 月。

生境分布

　　中生植物。主要分布于覆土和裸露砒砂岩侵蚀物沉积区，常见于梁峁顶人工林，人工栽培为主，常与油松、樟子松、杜松、山杏等水土保持树种混交，也是道路和园林绿化树种之一。

2.2　灌木

001 中国沙棘（变异） *Hippophae rhamnoides* L.

胡颓子科，沙棘属；别名　醋柳、酸刺、黑刺

形态特征

灌木或小乔木，高 1~4 m。枝灰色，通常具粗壮棘刺，幼枝具褐锈色鳞片。叶通常对生，条形至条状披针形，长 2~6 cm，宽 0.4~1.2 cm，先端尖或钝，两面被银白色鳞片，下面尤密，中脉明显隆起；叶柄极短。花先叶开放，淡黄色，花小；萼 2 裂；雄花形成短总状花序，开花后花序轴不脱落，雄蕊 4；雌花几朵簇生于当年枝基部，比雄花后开放，具短梗；花萼筒囊状，顶端 2 小裂。果实橙黄或橘红色，包于肉质花萼筒中，近球形，直径 5~10 mm；种子卵形，种皮坚硬，黑褐色，有光泽。花期 5 月，果熟期 9~10 月。

生境分布

旱中生植物。在覆土、覆沙、裸露砒砂岩侵蚀物沉积区分布极广。相比之下，覆沙砒砂岩区分布较少，在梁峁顶、沟坡、沟底都可以大面积生存，对土壤要求不严格，耐干旱、贫瘠及盐碱土壤，通常伴生植物为蒿类、针茅和禾本科等植物。柠条也可以与其共生，但是效果不是很好。在沟坡的阴坡比阳坡要生长得茂盛，是根蘖性植物，形成大面积的优势群落，并且根部有根瘤菌，可增加土壤的肥力，是保持水土的一种优良树种，也是砒砂岩区大面积推广与栽培的树种。

002 叉子圆柏 *Sabina vulgaris* Antoine
柏科，圆柏属；别名　沙地柏、臭柏

形态特征

匍匐灌木，高不足 1 m。树皮灰褐色，裂成不规则薄片脱落。叶二型，刺叶仅出现在幼龄树上，交互对生，披针形，长 3~7 mm，先端刺尖，上面凹，有两条白色气孔带；壮龄树上多为鳞片，交互对生，长 1.5 mm，先端微钝或锐尖。雌雄异株，稀同株；雄球花椭圆形或矩圆形，长 2~3 mm，雄蕊 5~7 对，各具 2~4 花药；雌球花或球果着生于向下弯曲的小枝顶端。球果近于圆球形，长 5~8 mm，径 5~9 mm，成熟时黑褐色或黑色，多少被白粉；内有种子 1~5 粒，微扁，卵圆形，顶端钝或微尖。花期 5 月，球果成熟于翌年 10 月。

生境分布

旱中生植物。主要分布于覆沙砒砂岩区，在覆土和裸露砒砂岩侵蚀物沉积区主要用于道路绿化和园林景观等。在覆沙区主要用于梁峁顶固土固沙，以纯林为主。因其耐旱性强，在砒砂岩区适应性较强，因此近些年来研究较多，可作为砒砂岩水土治理引进树种。

003 楔叶茶藨 *Ribes diacanthum* Pall.

虎耳草科，茶藨属

形态特征

灌木，高 1~2 m。枝节上有皮刺 1 对，刺长 2~8 mm。叶倒卵形，稍革质，长 1~8 cm，宽 6~16 mm，上半部 3 圆裂，裂片边缘有几个粗锯齿，基部楔形，掌状三出脉。花单性，雌雄异株，总状花序生于短枝上，雄花序长 2~3 cm，多花，常下垂，雌花序较短，长 1~2 cm，花梗长约 3 mm；花淡绿黄色；萼筒浅碟状，萼片 5，卵形或椭圆状，长约 1.5 mm；花瓣 5，极小，鳞片状；雄蕊 5，与萼片对生；子房下位，近球形。浆果，红色，球形，直径 5~8 mm。花期 5~6 月，果期 8~9 月。

生境分布

中生植物。主要分布于覆土、覆沙砒砂岩区，裸露砒砂岩侵蚀物沉积区分布较少。常见于梁峁顶及沟道内，在覆土区的山坡地带也较为常见，比如阿贵庙等地。

004 榆叶梅 *Amygdalus triloba* (Lindl.) Ricker

蔷薇科，李属

形态特征

灌木，稀小乔木，高 2~5 m。叶片宽椭圆形或倒卵形，长 3~6 cm，宽 1.5~3 cm，先端渐尖，常 3 裂，基部宽楔形，边缘具粗重锯齿，上面被疏柔毛或近无毛，下面被短柔毛。花 1~2 朵，腋生，直径 2~3 cm，先于叶开放，花梗短或几无梗；萼筒钟状，无毛或微被毛；萼片卵形或卵状三角形，具细锯齿；花瓣粉红色，宽倒卵形或近圆形；雄蕊约 30，短于花瓣；心皮 1，稀 2，密被短柔毛。核果近球形，直径 1~1.5 cm，红色，具沟，有毛，果肉薄，成熟时开裂；核具厚硬壳，表面有皱纹。花期 5 月，果期 6~7 月。

生境分布

中生植物。在覆土、覆沙砒砂岩区均有分布，主要作为景观树种使用，园林、庭院多有栽培，尚未大面积用于水土保持治理工程。

005 华北珍珠梅 *Sorbaria kirilowii* (Regel) Maxim.
蔷薇科，珍珠梅属；别名 珍珠梅

形态特征

灌木，高 2~3 m。单数羽状复叶，有小叶 13~17，小叶无柄，披针形或椭圆状披针形，长 4~6 cm，宽 1.5~2 cm，先端长渐尖，或尾尖，基部圆形，少宽楔形，边缘有尖锐重锯齿，两面无毛。大型圆锥花序，花直径 6~7 mm；萼筒杯状，两面无毛，萼片近半圆形，反折，宿存；花瓣近圆形或宽卵形，长与宽近相等，2~3 mm；雄蕊 20~25，与花瓣等长或稍短；子房无毛。蓇葖果矩圆形。花期 5~9 月，果期 8~9 月。

生境分布

中生植物。覆土砒砂岩区有少量分布，主要生长于沟坡等处。目前主要用于园林、道路、庭院栽培。

006 紫叶小檗 *Berberis thunbergii* DC. var. *atropurpurea* Rehd.

小檗科，小檗属；别名　红叶小檗、紫叶女贞

形态特征

　　落叶多分枝灌木，高2~3 m。叶深紫色或红色，全缘，菱形或倒卵形，在短枝上簇生。花单生或2~5朵成短总状花序，黄色，下垂，花瓣边缘有红色纹晕。浆果红色，宿存。花期4月，果期9~10月。

生境分布

　　中生植物。分布于覆土砒砂岩区，裸露砒砂岩侵蚀物沉积区有少量分布。主要用于庭院栽培和道路绿化，尚未进行水土保持工程应用。

007 细枝岩黄芪 *Hedysarum scoparium* Fisch. et Mey.

豆科，岩黄芪属；别名 花棒、花柴、花帽、花秧、牛尾梢

形态特征

灌木，高达 2 m。茎和下部枝紫红色或黄褐色，皮剥落，多分枝；嫩枝绿色或黄绿色，被平伏的短柔毛或近无毛。单数羽状复叶，下部叶具小叶 7~11，上部叶具少数小叶，最上部的叶轴上完全无小叶；托叶卵状披针形，较小，中部以上彼此连合，早落；小叶矩圆状椭圆形或条形，长 1.5~3 cm，宽 4~6 mm，先端渐尖或锐尖，基部楔形，上面密被红褐色腺点和平伏的短柔毛，下面密被平伏的柔毛，灰绿色。总状花序腋生，花少数，排列疏散；苞片小，三角状卵形，花紫红色，长 15~20 mm，花萼钟状筒形，萼齿披针状钻形或三角形；旗瓣宽倒卵形，先端稍凹入，爪长为瓣片的 1/4~1/5；翼瓣爪长为瓣片的 1/3，耳长为爪长的 1/2；龙骨瓣爪稍短于瓣片；子房有毛。荚果有荚节 2~4，荚节近球形，碰撞，密被白色毡状柔毛。花期 6~8 月，果期 8~9 月。

生境分布

中旱生植物。主要分布于覆土和裸露砒砂岩侵蚀物沉积区，覆沙区有零星分布。常见于梁峁坡、沟坡，在沟道内也有分布，以单株散生为主。是砒砂岩区一种较少的自然生水土保持苗木，可用于水土保持工程。

008 北沙柳 *Salix psammophila* C. Wang et Ch. Y. Yang

杨柳科，柳属；别名 沙柳、西北沙柳

形态特征

灌木，高 2~4 m。树皮灰色；老枝颜色变化较大，浅灰色、黄褐色或紫褐色。叶先端渐尖，基部楔形，边缘有稀疏腺齿。花先叶开放，花序长 1.5~3 cm，具短梗；苞片卵状矩圆形，先端钝圆，中上部黑色或深褐色，基部有长柔毛；腺体 1，腹生；雄花具雄蕊 2，完全合生，花丝基部有短柔毛，花药黄色或紫色，近球形，4 室；子房卵形，无柄，被柔毛，花柱明显，长约 1 mm，柱头 2 裂。蒴果长约 5 mm，被柔毛。花期 4 月下旬，果期 5 月。

生境分布

中生植物。较多分布在覆沙砒砂岩区，覆土和裸露砒砂岩侵蚀物沉积区少见，耐水湿，耐干旱，常见植物油蒿与其共生，大面积人工栽培，是沙漠化治理和水土保持的优良树种。

009 中间锦鸡儿 *Caragana intermedia* Kuang & H. C. Fu

豆科，锦鸡儿属；别名 柠条、小柠条

形态特征

灌木，高 70~150 cm。树皮黄灰色、黄绿色或黄白色。多分枝，枝条细长，直伸或弯曲，幼时被绢状柔毛。长枝上的托叶宿存并硬化成针刺状，叶轴脱落；小叶 6~18，羽状排列，椭圆形或倒卵状椭圆形，长 3~8 mm，宽 2~3 mm，先端圆或锐尖，少截形，有刺尖，基部宽楔形，两面密被绢状柔毛，有时上面近无毛。花单生，长 20~25 mm；花梗常中部以上有关节；萼筒状钟形，密被短柔毛，萼齿三角形；花冠黄色；旗瓣宽卵形或菱形，基部有短爪，翼瓣的爪长约为瓣片的 1/2，耳短，牙齿状。龙骨瓣矩圆形，具长爪，耳极短，因而瓣片基部呈截形；子房披针形，无毛或疏生短柔毛。荚果披针形，厚，革质，腹缝线凸起，顶端短渐尖，长 2~2.5 cm，宽 4~6 mm。花期 5 月，果期 6 月。

生境分布

沙生旱生植物。广泛分布于覆土、覆沙和裸露砒砂岩侵蚀物沉积区。在梁峁顶、梁峁坡分布较广，沟坡、沟道内也有大量分布。目前是砒砂岩区分布最为广泛的一种豆科植物，固土固沙和水土保持效果显著，在固定和半固定沙地上可成为建群种，形成沙地灌丛群落；也常散生于沙质荒漠草原群落中，而组成灌丛化草原群落，是一种较好的水土保持树种。

010 狭叶锦鸡儿 *Caragana stenophylla* Pojark.

豆科，锦鸡儿属；别名 红柠条、羊柠角、红刺、柠角

形态特征

矮灌木，高 15~150 cm。树皮灰绿色、灰黄色、黄褐色或深褐色，有光泽。小枝纤细，具条棱。长枝上的托叶宿存并硬化成针刺状；叶轴在长枝上者亦宿存而硬化成针刺状，直伸或稍弯曲，短枝上的叶无叶轴；小叶 4，假掌状排列，条状倒披针形，长 4~12 mm，宽 1~2 mm，先端锐尖或钝，有刺尖，基部渐狭，绿色，两面疏生柔毛或近无毛。花单生；花梗较叶短，中下部有关节；花萼钟形或钟状筒形，基部稍偏斜，无毛或疏生柔毛，萼齿三角形，有针尖；花冠黄色，长 14~20 mm；旗瓣圆形或宽倒卵形，有短爪，翼瓣上端较宽成斜截形，龙骨瓣比翼瓣稍短，具较长的爪，耳短而钝；子房无毛。荚果圆筒形，长 20~30 mm，宽 2.5~3 mm，两端渐尖。花期 5~9 月，果期 6~10 月。

生境分布

旱生植物。广泛分布于覆土、覆沙和裸露砒砂岩侵蚀物沉积区。在梁峁坡、沟坡和沟道内都有分布，主要分布于梁峁坡，喜生于沙砾质土壤、覆沙地及砾石质坡地。目前也是一种较好的水土保持植被。

011 矮卫矛 *Euonymus nanus* M. Bieb.

卫矛科，卫矛属；别名 土沉香

形态特征

小灌木，高可达 1 m。枝柔弱，先端稍下垂，绿色，光滑，常具棱。叶互生、对生或 3~4 叶轮生，条形或条状矩圆形，长 1~4 cm，宽 2~5 cm，先端锐尖或具 1 刺尖头，边缘全缘或缘生小齿，常向下反卷，无柄。聚伞花序生于叶腋，由 1~3 花组成；总花梗长 1~2 cm，花梗长 0.5~1 cm，均纤细；花径约 5 mm，紫褐色，四基数。蒴果熟时紫红色，径约 1 cm，4 瓣开裂，每室有一到几粒种子，基部为橘红色假种皮所包围。花期 6 月，果期 8 月。

生境分布

中生植物。主要分布于覆土砒砂岩区，在梁峁坡较为常见。

012 柳叶鼠李 *Rhamnus erythroxylon* Georgi

鼠李科，鼠李属；别名 黑格兰、红木鼠李

形态特征

灌木，高达 2.5 m。多分枝，具刺。单叶在长枝上互生或近对生，在短枝上簇生，条状披针形，长 2~9 cm，宽 0.3~1.2 cm，先端渐尖，少为钝圆，基部楔形，边缘稍内卷，具疏细锯齿，齿端具黑色腺点。花单性，黄绿色，10~20 多簇生于短枝上；萼片 5；花瓣 5；雄蕊 5。核果球形，熟时黑褐色，径 4~6 mm，果梗长 0.4~1.0 cm，内具 2 核，有时为 3 核；种子倒卵形，背面有沟，种沟开口占种子全长的 5/6。

生境分布

旱中生植物。分布于覆土、覆沙和裸露砒砂岩侵蚀物沉积区，在梁峁坡、沟道内较为常见，沟坡有零散分布。

013 河柏 *Myricaria bracteata* Royle

柽柳科，水柏枝属；别名 水柽柳

形态特征

灌木，高 1~2 m。老枝棕色，幼嫩枝黄绿色。叶小，窄条形，长 1~4 mm。总状花序由多花密集而成，顶生，少有侧生，长 5~20 cm，径约 1.5 cm；苞片宽卵形或长卵形，长 5~8 mm，几等于或长于花瓣，先端有尾状长尖，边缘膜质；萼片 5，披针形或矩圆形，长约 5 mm，边缘膜质；花瓣 5，矩圆状椭圆形，长 5~7 mm，粉红色；雄蕊 8~10，花丝中下部连合；子房圆锥形，无花柱。蒴果狭圆锥形，长约 1 cm；种子具有柄的簇生毛。花期 6~7 月，果期 7~8 月。

生境分布

中生植物。主要分布于覆土和裸露砒砂岩侵蚀物沉积区，覆沙区有少量分布。主要生长于沟道内及河漫滩处，是沟道内防止泥沙输移的主要树种之一。

014 红瑞木 *Swida alba* Opiz

山茱萸科，梾木属；别名 红瑞山茱萸

形态特征

落叶灌木，高达 2 m。小枝紫红色，光滑，幼时常被蜡状白粉，具柔毛。叶对生，卵状椭圆形或宽卵形，长 2~8 cm，宽 1.5~4.5 cm，先端尖或钝尖，基部圆形或宽楔形，上面暗绿色，贴生短柔毛，下面粉白色，疏生长柔毛，主、侧脉凸起，脉上几无毛；叶柄长 0.5~1.5 cm，被柔毛。顶生伞房状聚伞花序；花梗与花轴密被短柔毛；萼筒杯形，先端 4 齿；花瓣 4，长圆形，长 3~3.5 mm，宽 1.5~2 mm，黄白色；雄蕊 4 与花瓣互生，与花瓣近等长；花瓣垫状，黄色；子房位于花盘下方，花柱单生。核果乳白色，矩圆形，长 6 mm，核扁平。花期 5~6 月。果熟期 8~9 月。

生境分布

主要分布于覆土、覆沙和裸露砒砂岩侵蚀物沉积区的沟道内，在裸露砒砂岩侵蚀物沉积区和覆沙区有一定栽培，见于道路绿化和园林景观。

015 蒙古莸 *Caryopteris mongholica* Bunge

马鞭草科，莸属；别名　白蒿

形态特征

　　小灌木，高 15~40 cm。单叶对生，披针形、条状披针形或条形，长 1.5~6 cm，宽 3~10 mm，全缘，上面淡绿色，下面灰色，均被较密的短柔毛；具短柄。聚伞花序顶生或腋生；花萼钟状，先端 5 裂，长约 3 mm，外被短柔毛，果熟时可增至 1 cm，宿存；花冠蓝紫色，筒状，外被短柔毛，长 6~8 mm，先端 5 裂，其中 1 裂片较大，顶端撕裂，其余裂片先端钝圆或微尖；雄蕊 4，2 强，长约为花冠的 2 倍；花柱细长，柱头 2 裂。果实球形，成熟时裂为 4 个小坚果，小坚果矩圆状扁三棱形，边缘具窄翅。花期 7~8 月，果期 8~9 月。

生境分布

　　主要分布于覆土砒砂岩区。在梁峁坡、沟坡和沟道内均有大量分布，尤其在沟坡较陡坡面能够形成面积较大的优势群落，是一种适应性极强的乡土植物，对砒砂岩区沟坡植被恢复具有重要意义。

016 亚洲百里香 *Thymus kitagawianus* Tschern.

唇形科，百里香属；别名 地椒

形态特征

小半灌木。茎木质化，多分枝，匍匐或斜升。花枝高 0.5~18 cm，在花序下密被向下弯曲的柔毛，基部有脱落的先出叶；不育枝从茎的末端或基部生出。叶条状披针形、披针形、条状倒披针形或倒披针形，长 4~10 mm，宽 0.7~2.5 mm，先端钝或尖，基部楔形或渐狭，全缘，近基部边缘具少数睫毛，侧脉 2~3 对，在下面微凸起，有腺点，下部叶变小，苞片与叶同形。轮伞花序紧密排成头状；花萼狭钟形，具 10~11 脉，被疏柔毛或近无毛，具黄色腺点，上唇与下唇通常近相等，上唇有 3 齿，齿三角形，具睫毛或近无毛，下唇 2 裂片钻形，被硬睫毛；花冠紫红色、紫色或粉红色，被短疏柔毛，长 4.5~5.1 mm。小坚果近圆形，光滑。花期 7~8 月，果期 9 月。

生境分布

分布于覆土和裸露砒砂岩侵蚀物沉积区，覆沙区也有一定分布。多生长于梁峁坡和沟坡，沟道内生长较少。是一种优良饲料，有气根，固土固沙效果好，可作为一种水土保持植物进行种植。

017 枸杞 *Lycium chinense* Mill.

茄科，枸杞属；别名　枸杞子、狗奶子

形态特征

灌木,高达1m余。多分枝,枝细长柔弱，常弯曲下垂，具棘刺，淡灰色，有纵条纹。单叶互生或于枝下部数叶簇生，卵状狭菱形至卵状披针形、卵形、长椭圆形，长1.5~6 cm，宽5~22 mm，先端锐尖，基部楔形，全缘，两面均无毛；叶柄长3~10 mm。花常1~5朵簇生生于叶腋，花梗细；花萼钟状，先端3~5裂，裂片多少有缘毛；花冠漏斗状，紫色，先端5裂，裂片向外平展，与管部几等长或稍等长，边缘具密的缘毛，基部耳显著；雄蕊花丝长短不一，稍短于花冠，基部密生一圈白色绒毛。浆果卵形或矩圆形，深红色或橘红色。花期7~8月，果期8~10月。

生境分布

中生植物。主要分布于覆土和裸露砒砂岩侵蚀物沉积区，覆沙区分布较少。多见于梁峁坡或地势平坦区域，在砒砂岩区适应性较强，是一种较好的水土保持树种。

018 小花金银花 *Lonicera maackii* (Rupr.) Maxim.

忍冬科，忍冬属；别名 金银忍冬

形态特征

灌木，高达 3 m。小枝中空，灰褐色。叶卵状椭圆形至卵状披针形，稀为菱状卵形，长 3~8 cm，宽 1.5~3 cm，先端渐尖或长渐尖，基部宽楔形或楔形，稀圆形，全缘，具长柔毛；叶柄长 2~5 mm，密被腺柔毛。花初时白色，后变黄色；总花梗比叶柄短，被腺柔毛；萼 5 片，裂片长三角形至宽卵形，长 1.5~2 mm；花冠二唇形，长 2.2~2.6 cm，外被疏毛，上唇 4 裂，裂片长 8~9 mm，宽 4~5 mm，下唇裂片长约 1.5 cm；雄蕊 5；花柱长 1.3 cm，被长毛，柱头头状。浆果暗红色，球形，径 5~6 mm；种子具小浅凹点。花期 5 月，果期 9 月。

生境分布

中生灌木。主要分布于覆土砒砂岩区，常见于梁峁坡。

019 黑沙蒿 *Artemisia ordosica* Kraschen.

菊科，蒿属；别名　沙蒿、油蒿、鄂尔多斯蒿

形态特征

半灌木，高 50~100 cm。主根粗而长，木质，侧根多；根状茎粗壮，具多数营养枝。茎多数，茎皮老时常呈薄片状剥落，多分枝，老枝灰黑色或暗灰褐色，当年生枝褐色、黄褐色、紫红色以至黑紫色，具纵条棱，茎、枝与营养枝常组成大的密丛。叶稍肉质，初时两面疏被短柔毛，后无毛；茎下部叶宽卵形或卵形，一至二回羽状全裂，侧裂片 3~4 对，基部裂片最长，有时再 2~3 全裂，小裂片丝状条形，叶柄短；中部叶卵形或宽卵形，长 3~9 cm，宽 2~4 cm，一回羽状全裂，侧裂片 2~3 对，丝状条形；上部叶 3~5 全裂，丝状条形，无柄；苞片 3 全裂或不分裂，丝状条形。头状花序卵形，直径 1.5~2.5 mm，有短梗及小苞叶，斜生或下垂，多数在茎上排列成开展的圆锥状；总苞片 3~4 层，外、中层的卵形或长卵形，背部黄绿色，无毛，边缘膜质，内层的长卵形或椭圆形，半膜质；边缘雌花 5~7 枚，花冠狭圆锥状，中央两性花 10~14 枚，花冠管状；花序托半球形。瘦果倒卵形，长约 1.5 mm，黑色或黑绿色。花果期 7~10 月。

生境分布

旱生沙生植物。主要分布于覆沙砒砂岩区，在梁峁坡和沟坡分布较广，在固定沙地可形成亚顶级群落。喜生于固定沙丘、沙地和覆沙土壤上。

020 酸枣（变种） *Ziziphus jujuba* Mill. var. spinosa (Bunge) Hu ex H. F. Chow

鼠李科，枣属；别名　棘

形态特征

本变种主要为落叶灌木；小枝呈之字形弯曲，紫褐色。酸枣树上的托叶刺有 2 种，一种直伸，长达 3 cm，另一种常弯曲。叶互生，叶片椭圆形至卵状披针形，长 1.5 ~ 3.5 cm，宽 0.6 ~ 1.2 cm，边缘有细锯齿，基部 3 出脉。花黄绿色，2 ~ 3 朵簇生于叶腋。核果小，近球形或短矩圆形，熟时红褐色，近球形或长圆形，长 0.7 ~ 1.2 cm，味酸，核两端钝。花期 6 ~ 7 月，果期 8 ~ 9 月。

本变种与正种的主要区别在于：叶较小，核果较小，近球形，径 7~13 mm，味酸，野生。

生境分布

旱中生植物。广泛分布于覆土砒砂岩区，在覆沙和裸露砒砂岩侵蚀物沉积区发现较少。在梁峁坡、沟坡和沟道内都有大量分布，生长不择立地条件，适生性强，常形成灌木丛，是一种优良的水土保持植被。

2.3 草本植物

001 大麻 *Cannabis sativa* L.
桑科，大麻属；别名 火麻、线麻

形态特征

一年生草本，高 1~3 m。根木质化。茎直立，皮层富含纤维，灰绿色。叶互生或下部的对生，掌状复叶，小叶 3~11，生于茎顶的具 1~3 小叶，披针形至条状披针形，两端渐尖，边缘具粗锯齿。花单性，雌雄异株，雄株名牡麻，雌株名苴麻或芒麻；花序生于上部叶的叶腋，雄花排列成长而疏散的圆锥花序；雌花序呈短穗状，绿色，每朵花在外具 1 卵形苞片，先端渐尖，内有 1 薄膜状花被，紧包子房，雌蕊 1，子房球形无柄。瘦果扁卵形，全被宿存的黄褐色苞片所包裹。花期 7~8 月，果期 9~10 月。

生境分布

中生植物。适于温暖多雨区域种植，在砒砂岩区一般生长在覆土砒砂岩上，多常见于道路边、田边等地。以一株或几株零散分布为主，植株高大茂盛。

002 荭草 *Polygonum orientale* L.

蓼科，蓼属；别名　东方蓼、红蓼、水红花

形态特征

一年生草本，高 1~2 m。茎直立，中空，分枝，稍被直立或伏贴的粗长毛。叶片卵形或宽卵形，长 8~20 cm，宽 4~12 cm，先端渐狭或锐尖，基部近圆形或稍呈心形，全缘，两面均被疏长毛及腺点；茎上部叶渐狭而呈卵状披针形。花穗紧密，顶生或腋生，圆柱形，长 2~8 cm，下垂；花粉红色至白色，花被 5 深裂；雄蕊 7；花柱 2。瘦果近圆形，扁平，先端具短尖头，直径约 3 mm，黑色，有光泽，包于花被内。花果期 6~9 月。

生境分布

中生植物。在砒砂岩区多生长在覆土砒砂岩上，喜生于田边、路旁、水沟边，对水分有要求，可作为观赏性植物。

003 酸模叶蓼 *Polygonum lapathifolium* L.

蓼科，蓼属；别名 旱苗蓼、大马蓼

形态特征

一年生草本，高 30~80 cm。茎直立，有分枝，无毛，通常紫红色，节部膨大。叶柄短，有短粗硬刺毛；叶片披针形、矩圆形或矩圆状椭圆形，长 5~15 cm，宽 0.5~3 cm，先端渐尖，全缘，上面常有紫黑色新月形斑痕。圆锥花序由数个花穗组成，花穗顶生或腋生。花被淡绿色或粉红色，通常 4 深裂；雄蕊 6；花柱 2。瘦果宽卵形，扁平，微具棱，黑褐色，光亮，包于宿存的花被内。花期 6~8 月，果期 7~10 月。

生境分布

中生植物。在砒砂岩区广泛分布于覆土、覆沙和裸露砒砂岩侵蚀物沉积区，在梁峁坡分布较多，沟道内也有部分分布，在沟坡分布较小。对土壤环境要求不高，耐盐耐碱，虽不能形成优势群落，但可以散生分布，利于土壤改良。

004 荞麦 *Fagopyrum esculentum* Moench.

蓼科，荞麦属

形态特征

一年生草本，高 30~100 cm。茎直立，多分枝，淡绿色或红褐色，质软，光滑。下部茎生叶具长柄，叶片三角形或三角状箭形，有时近五角形，长 2.5~5 cm，宽 2~6 cm，先端渐尖，下部裂片圆形或渐尖，基部微凹，近心形，两面沿叶脉和叶缘被乳头状突起；上部茎生叶片稍小，无柄。总状或圆锥状花序，腋生和顶生，花簇紧密着生；花被淡粉红色或白色，5 深裂；雄蕊 8，较花被片短；花柱 3，柱头头状。瘦果卵状三棱形或三棱形，具 3 锐角棱，先端渐尖，基部稍钝，长 6~7 mm，棕褐色，有光泽。花果期 7~9 月。

生境分布

旱中生植物。在砒砂岩区广泛分布于覆土、覆沙和裸露砒砂岩侵蚀物沉积区，对土壤环境要求不高，抗旱性比较强，适于生长在梁峁坡，一般是单株或几株散生。

005 华北大黄 *Rheum franzenbachii* Münter.

蓼科，大黄属；别名 山大黄、土大黄、子黄、峪黄

形态特征

多年生草本，高 30~85 cm。根肥厚。茎粗壮，直立，具细纵沟纹，无毛，通常不分枝。基生叶大，叶柄长 7~12 cm，半圆柱形，紫红色，被短柔毛；叶片心状卵形，长 10~16 cm，宽 7~14 cm，先端钝，基部近心形，边缘具皱波，上面无毛，下面稍有短毛，叶脉 3~5 条，由基部射出，并于下面凸起，紫红色；茎生叶较小，有短柄或近无柄；托叶鞘长卵形，暗褐色，下部抱茎，不脱落。圆锥花序直立顶生；苞小，肉质，通常破裂而不完全，内含 3~5 朵花；花梗纤细，中下部有关节；花白色，较小，直径 2~3 mm，花被片 6，卵形或近圆形，排成两轮，外轮 3 片较厚而小，花向后背面反曲；雄蕊 9；子房呈三棱形，花柱 3，向下弯曲，极短，柱头略扩大，稍呈圆片形。瘦果宽椭圆形，长约 10 mm，宽 9 mm，具 3 棱，沿棱生翅，顶端略凹陷，基部心形，具宿存花被。花期 6~7 月，果期 8~9 月。

生境分布

旱中生植物。在砒砂岩区一般分布在覆土区，并多散生于田边、路旁、沟边或者梁峁坡上等，数量极少，不能形成优势群落，以单株散生为主，植株高大。

006 牛耳大黄 *Rumex nepalensis* Spreng.

蓼科，大黄属；别名　土大黄、牛舌头叶、金不换

形态特征

多年生草本，高 50~100 cm。根肥厚，黄色，有酸味。茎直立，通常不分枝，具浅槽。叶披针形或长圆状披针形，长 12~28 cm，宽 2~4.5 cm，先端短渐尖，基部渐狭，边缘有波状皱褶，两面无毛；托叶鞘膜质，管状，常破裂。花多数，聚生于叶腋，或形成短的总状花序，合成一狭长的圆锥花序；花被 6，两轮，宿存；雄蕊 6；柱头 3，画笔状，瘦果三棱形，棱锐，长 2 mm，褐色有光泽；果被阔卵形，先端钝，全缘或具不明显的齿，长宽均 3~4 mm，有一卵形瘤状突起。花果期 6~8 月。

生境分布

中生植物。在砒砂岩区多分布于覆土区，一般生于沟道内，一株或几株散生，耐水湿。

007 刺沙蓬 *Salsola ruthenica* Ilgin.

藜科，猪毛菜属；别名　沙蓬、苏联猪毛菜

形态特征

一年生草本，高15~50 cm。茎直立或斜升，由基部分枝，坚硬，绿色，圆筒形或稍有棱，具白色或紫红色条纹，无毛或具乳头状短糙硬毛。叶互生，条状圆柱形，肉质，长1.5~4 cm，厚1~2 mm，先端有白色硬刺尖，基部稍扩展，边缘干膜质，两面苍绿色，边缘常被硬毛状缘毛。花1~2朵生于苞腋，通常在茎及枝的上端排列成为穗状花序，花被片5，锥形或长卵形，直立，其中有2片较短而狭，花期为透明膜质，果时于背侧中部横生5个干膜质或近革质翅，其中3个翅较大，肾形、扇形或倒卵形，淡紫红色或无色，后期常变为灰褐色，具多数扇状脉纹，水平开展，或稍向上，顶端有不规则圆齿，另2个翅较小，匙形，全部翅（包括花被）直径4~10 mm；花被片的上端为薄膜质，聚集在中央部，形成圆锥形状，高出于翅，基部变厚硬包围果实；雄蕊5；柱头2裂，丝形，长为花柱的3~4倍。胞果倒卵形，果皮膜质；种子横生。花期7~9月，果期9~10月。

生境分布

旱生植物。在砒砂岩区广泛分布于覆土、覆沙和裸露砒砂岩侵蚀物沉积区，因其耐干旱耐盐碱，成为砒砂岩区一种主要的绿化植物。并且可以人工大面积栽培，形成优势群落，为砒砂岩水土保持治理提供新的思路。

008 猪毛菜 *Salsola collina* Pall.

藜科，猪毛菜属；别名　山叉明棵、札蓬棵、沙蓬

形态特征

一年生草本，高 30~60 cm。茎近直立，通常由基部分枝，开展，茎及枝淡绿色，有白色或紫色条纹。叶条状圆柱形，肉质，长 2~5 cm，宽 0.5~1 mm，先端具小刺尖，基部稍扩展，下延，深绿色，有时带红色，无毛或被短糙硬毛。花通常多数，生于茎及枝上端，排列为细长的穗状花序，稀单生于叶腋；花被片披针形，膜质透明，直立，长约 2 mm，果时背部生有鸡冠状革质突起，有时为 2 浅裂；雄蕊 5，稍超出花被；柱头丝形，长为花柱的 1.5~2 倍。胞果倒卵形，果皮膜质；种子倒卵形。花期 7~9 月，果期 8~10 月。

生境分布

旱中生植物。在砒砂岩区广泛分布于覆土、覆沙和裸露砒砂岩侵蚀物沉积区，对土壤环境要求不高，耐旱耐盐碱，是砒砂岩区一种优良草本植物，不管人工大面积栽种还是天然自生都可以形成优势群落，为科学配置模式提供依据，也为砒砂岩区水土保持科学治理提供思路。

009 角果碱蓬 *Suaeda corniculata* (C. A. Mey.) Bunge.

藜科，碱蓬属

形态特征

一年生草本，高 10~30 cm，全株深绿色，秋季变紫红色，晚秋常变黑色，无毛。茎粗壮，由基部分枝，斜升或直立，有红色条纹；枝细长，开展。叶条形或半圆柱状，长 1~2 cm，宽 0.7~1.5 mm，先端渐尖，基部渐狭，常被粉粒。花两性或雌性，3~6 朵簇生于叶腋，呈团伞状；花被片 5，肉质或稍肉质，向上包卷，包住果实，果时背部生不等大的角状突起，其中之一发育伸长成长角状；雄蕊 5；柱头 2，花柱不明显。胞果圆形，稍扁；种子横生或斜生，直径 1~1.5 mm，黑色或黄褐色，有光泽，具清晰的点纹。花期 8~9 月，果期 9~10 月。

生境分布

中生盐生植物。在砒砂岩区广泛分布于覆沙、覆土和裸露砒砂岩侵蚀物沉积区，一般分布于沟道内、盐湖边，极其耐盐碱，喜欢阴湿，是改良土壤的一种优良草本植物。

010 沙蓬 *Agriophyllum squarrosum* (L.) Moq.
藜科，沙蓬属；别名 沙米、登相子

形态特征

一年生草本，高 15~50 cm。茎坚硬，浅绿色，具不明显条棱，多分枝，最下部枝条通常对生或轮生，平卧，上部枝条互生，斜展。叶无柄，披针形至条形，长 1.3~7 cm，宽 4~10 mm，先端渐尖有小刺尖，基部渐狭，幼时下面密被分枝状毛，后脱落。花序穗状，紧密，宽卵形或椭圆状，通常 1（3）个着生叶腋；苞片宽卵形，先端急缩具短刺尖，后期反折；花被片 1~3，膜质；雄蕊 2~3；子房扁卵形，柱头 2。胞果圆形或椭圆形，两面扁平或背面稍凸，除基部外周围有翅，顶部具果喙，果喙深裂成 2 个条状扁平的小喙，在小喙先端外侧各有 1 小齿；种子近圆形，扁平，光滑。花果期 8~10 月。

生境分布

旱生植物。在砒砂岩区广泛分布于覆土、覆沙和裸露砒砂岩侵蚀物沉积区，尤其分布在覆沙区的流动、半流动的背风坡沙地。它是沙生先锋植物，种子萌发力很强很快，成为覆沙砒砂岩区一种主要的固沙绿化植物，并且可以人工大面积栽培，并与黑沙蒿、猪毛菜等共生，形成优势群落，在荒漠化治理和水土保持方面起到了至关重要的作用。

011 东亚市藜(亚种) *Chenopodium urbicum* L. subsp. *sinicum* H. W. Kung & G. L. Chu

藜科，藜属

形态特征

一年生草本，高 30~60 cm。茎粗壮，直立，淡绿色，具条棱，无毛，不分枝或上部分枝，枝斜升。叶具长柄，叶片菱形或菱状卵形，长 5~12 cm，宽 4~12 cm，先端锐尖，基部宽楔形，边缘有不整齐的弯缺状大锯齿，有时仅近基部生 2 个尖裂片，自基部分生 3 条明显的叶脉，两面光绿色，无毛；上部叶较狭，近全缘。花序穗状圆锥状，顶生或腋生，花两性兼有雌性；花被 3~5 裂，花被片狭倒卵形，背部稍肥厚，黄绿色，边缘膜质淡黄色，果时通常开展；雄蕊 5，超出花被；柱头 2，较短。胞果小，近圆形，两面凸或呈扁球状，直径 0.5~0.7 mm，果皮薄，黑褐色，表面有颗粒突起；种子横生、斜生，稀直立，红褐色，边缘锐，有点纹。花期 8~9 月，果期 9~10 月。

生境分布

中生植物。在砒砂岩区一般分布于覆土砒砂岩区，生于田边、路旁、沟道内稍潮湿的地方，耐轻度的盐碱，一株或多株散生。

012 刺藜 *Chenopodium aristatum* L.

藜科，藜属；别名　野鸡冠子花、刺穗藜、针尖藜

形态特征

一年生草本，高 10~25 cm。茎直立，具条纹，淡绿色或老时带红色，无毛或疏生毛，多分枝，开展，下部枝较长，上部者较短。叶条形或条状披针形，长 2~2.5 cm，宽 3~7 mm，先端钝尖或钝，基渐狭成不明显之叶柄，全缘，两面无毛，秋季变成红色。二枝聚伞花序，分枝多且密，枝先端具刺芒，花生于刺状枝腋内；花被片 5，矩圆形，背部绿色，稍具隆脊，边缘膜质白色或带粉红色；雄蕊 5，不外露。胞果上下压扁，圆形，果皮膜质，不全包于花被内；种子横生，扁圆形，黑褐色，有光泽。花果期 8~10 月。

生境分布

中生植物。在砒砂岩区广泛分布于覆土、覆沙和裸露砒砂岩侵蚀物沉积区，最为常见于沙质地或固定沙地上，一般在沟道内、梁峁坡上生长，抗旱性极强，多株生长在一起，可以形成优势群落。

013 尖头叶藜 *Chenopodium acuminatum* Willd.

藜科，藜属；别名　绿珠藜、渐尖藜、油杓杓

形态特征

一年生草本，高 10~30 cm。茎直立，分枝或不分枝，枝通常平卧或斜升，具条纹，有时带紫红色。叶具柄，叶片卵形、宽卵形、三角状卵形、长卵形或菱状卵形，长 2~4 cm，宽 1~3 cm，先端钝圆或渐尖，具短尖头，基部宽楔形或圆形，有时近平截，全缘，通常具红色或黄褐色半透明的环边，上面无毛，淡绿色，下面被粉粒，灰白色或带红色；茎上部叶渐狭小，几为卵状披针形或披针形。花每 8~10 朵聚生为团伞花簇，花簇紧密地排列于花枝上，形成有分枝的圆柱形花穗或再聚为尖塔形大圆锥花序；花被片 5，宽卵形，背部中央具绿色龙骨状隆脊，边缘膜质，内向弯曲，果时包被果实，全部呈五角星状；雄蕊 5，花丝极短。胞果扁球形，近黑色，具不明显放射状细纹及细点，稍有光泽；种子横生，黑色，有光泽，表面有不规则点纹。花期 6~8 月，果期 8~9 月。

生境分布

中生植物。在砒砂岩区广泛分布于覆土、覆沙和裸露砒砂岩侵蚀物沉积区，易于在沙质地上生长，抗旱性和抗盐碱性很强，对土壤水分和环境要求不高，一般在沟道内的沙土地、路边及居民点附近生长。

014 菊叶香藜 *Chenopodium foetidum* Schrad.

藜科，藜属；别名　菊叶刺藜、总状花藜

形态特征

一年生草本，高20~60 cm，有强烈香气，全体具腺及腺毛。茎直立，分枝，下部枝较长，上部者较短，有纵条纹，灰绿色，老时紫红色。叶具柄，长0.5~1 cm；叶片矩圆形，长2~4 cm，宽1~2 cm，羽状浅裂至深裂，先端钝，基部楔形，裂片边缘有时具微小缺刻或牙齿，上面深绿色，下面浅绿色，两面有短柔毛和棕黄色腺点；上部或茎顶的叶较小，浅裂至不分裂。花多数，单生于小枝的腋内或末端，组成二歧式聚伞花序，再集成塔形的大圆锥花序；花被片5，卵状披针形，北部稍具隆脊，绿色，被黄色腺点及刺状突起，边缘膜质，白色；雄蕊5，不外露。胞果扁球形，不全包于花被内；种子横生，扁球形，直径0.5~1 mm，种皮硬壳质，黑色或红褐色，有光泽。花期7~9月，果期9~10月。

生境分布

中生植物。在砒砂岩区广泛分布覆土、覆沙和裸露砒砂岩侵蚀物沉积区，喜欢生于较潮湿，土壤较疏松的地方。单株或几株散生，很难看见多株形成优势群落，抗旱性和盐碱性较差。

015 地肤 *Kochia scoparia* (L.) Schrad.

藜科，地肤属；别名 扫帚菜

形态特征

一年生草本，高 30~100 cm。茎直立，粗壮，常自基部分枝，多斜升，具条纹，淡绿色或浅红色，至晚秋变为红色，幼枝有白色柔毛。叶片无柄，叶片披针形至条状披针形，长 2~5 cm，宽 3~7 mm，扁平，先端渐尖，基部渐狭成柄状，全缘，无毛或被柔毛，淡绿色或黄绿色，通常具 3 条纵脉。花无梗，通常单生或 2 朵生于叶腋，于枝上排成稀疏的穗状花序；花被片 5，基部合生，黄绿色，卵形，背部近先端处有绿色隆脊及横生的龙骨状突起，果时龙骨状突起发育为横生的翅，翅短，卵形，膜质，全缘或有钝齿，胞果扁球形，包于花被内；种子与果同形，直径约 2 mm，黑色。花期 6~9 月，果期 8~10 月。

生境分布

中生植物。在砒砂岩区广泛分布覆土、覆沙和裸露砒砂岩侵蚀物沉积区，喜欢生于较潮湿、土壤较疏松的地方。单株或几株散生，很难看见多株形成优势群落，抗旱性和盐碱性较差。

016 甜菜 *Beta vulgaris* L.

藜科，甜菜属；别名　恭菜、糖菜、糖萝卜

形态特征

二年生草本，高 50~100 cm。根纺锤形或倒圆锥形。茎直立，分枝多或少。基生叶大，具长柄，粗壮，矩圆形，长 20~30 cm，宽 12~18 cm，先端钝或稍尖，基部宽楔形、截形或浅心形，全缘，常呈皱波状，叶面皱缩不平；茎生叶较小，菱形、卵形或矩圆状披针形。花序圆锥状，花 2 至数朵集成腋生花簇。胞果通常 2 个或数个基部结合；种子扁平，双凸镜状，直径 2~3 mm，种皮革质，红褐色，光亮。花期 5~6 月，果期 7~8 月。

生境分布

中生植物。在砒砂岩区广泛分布于覆土、覆沙区，常见于宽阔的沟道内、滩边湿地的沙黏质土壤上。主要为人工栽种于沿黄河平原地区，是人们日常生活中必不可少的一种蔬菜。

017 反枝苋 *Amaranthus retroflexus* L.
苋科，苋属；别名 西风谷、野千穗谷、野苋菜

形态特征

一年生草本，高 20~60 cm。茎直立，粗壮，分枝或不分枝，被短柔毛，有时具淡紫色条纹。叶片椭圆状卵形或菱状卵形，长 5~10 cm，宽 3~6 cm，先端锐尖或微缺，基部楔形，全缘或波状缘，两面及边缘被柔毛，叶柄长 3~5 cm。圆锥花序顶生及腋生，由多数穗状序组成，顶生花穗较侧生者长；苞片及小苞片锥状，远较花被为长，顶端针芒状，背部具隆脊，边缘透明膜质；花被片 5，矩圆形或倒披针形，先端锐尖或微凹，具芒尖，透明膜质，有绿色隆起的中肋；雄蕊 5，超出花被；柱头 3，长刺锥状。胞果扁卵形，环状横裂，包于宿存的花被内；种子近球形，直径约 1 mm，黑色或黑褐色，边缘钝。花期 7~8 月，果期 8~9 月。

生境分布

中生植物。在砒砂岩区主要分布在覆土区，易生长在潮湿、土壤较疏松等地，多分布于田间、路旁等，单株或多株共存。

018 苋 *Amaranthus trocolov* L.

苋科，苋属；别名　雁来红、老来少、三色苋

形态特征

一年生草本，高 80~150 cm。茎粗壮，绿色或红色，常分枝。叶片卵形、菱状卵形或披针形，长 4~10 cm，宽 2~7 cm，绿色或常成红色、紫色或黄色或部分绿色加杂其他颜色，顶端圆钝或尖凹，具凸尖，基部楔形，全缘或波状缘，无毛；叶柄长 2~6 cm，绿色或红色。花簇腋生，直到下部叶，或同时具顶生花簇，呈下垂的穗状花序；花簇球形，雄花和雌花混生；苞片及小苞片卵状披针形，顶端有 1 长芒尖；花被片矩圆形，绿色或黄绿色；雄蕊比花被片长或短。胞果卵状矩圆形，长 2~2.5 mm，环状横裂，包裹在宿存花被片内；种子近圆形或倒卵形，黑色或黑棕色。花果期 7~9 月。

生境分布

中生植物。在砒砂岩区分布于覆土区，一般作为城市绿化且观赏性植物，主要为人工大面积栽培在城市的道路边或居民家门口。

019 皱果苋 *Amaranthus viridis* L.

苋科，苋属；别名 绿苋

形态特征

一年生草本，高 40~80 cm，全体无毛。茎直立，少分枝。叶卵形或卵状矩圆形，长 4~8 cm，宽 2.5~5 cm，先端钝或微凹，基部宽楔形或近截形。穗状花序腋生或顶生，集成长的圆锥状花序；苞片狭卵形，膜质，微小；花被片 3，宽倒披针形，先端锐尖，具绿色中肋，长 1~1.2 mm。胞果扁球形，具喙，果皮有皱纹，不开裂或不规则盖裂。花果期 7~9 月。

生境分布

中生植物。在砒砂岩区广泛分布于覆土砒砂岩区，常见于宽阔的田野上，喜生于较潮湿的土壤环境，耐寒、耐旱性较差，几株或多株生长。

020 马齿苋 *Portulaca oleracea* L.

马齿苋科，马齿苋属；别名 马齿草、马苋草

形态特征

一年生肉质草本，全株光滑无毛。茎平卧或斜升，多分枝，淡绿色或红紫色。叶肥厚肉质，倒卵状楔形或匙状楔形，长 6~20 mm，宽 4~10 mm，先端圆钝、平截或微凹，基部宽楔形，全缘。花小，黄色，3~5 朵簇生于枝顶，直径 4~5 mm；萼片 2，对生，盔形；花瓣 5，黄色，倒卵状矩圆形或倒心形，顶端微凹，较萼片长；雄蕊 8~12；子房无毛，花柱比雄蕊稍长，顶端 4~6 裂。蒴果圆锥形，长约 5 mm，自中部横裂成帽盖状；种子多数，细小，黑色，有光泽，肾状卵圆形。花期 7~8 月，果期 8~10 月。

生境分布

中生植物。在砒砂岩区广泛分布于覆土、覆沙区，常见于田间、路旁及居民住宅附近，喜生于较潮湿疏松的土壤，单株可以成片，匍匐生长。

021 水葫芦苗 *Halerpestes cymbalaria* (Pursh) Greene

毛茛科，水葫芦苗属；别名 圆叶碱毛茛

形态特征

多年生草本，高 3~12 cm。具细长的匍匐茎，节上生根长叶，无毛。叶全部基生，具长柄，基部加宽呈鞘状；叶片近圆形、肾形或宽卵形，长 0.4~1.5 cm，宽度稍大于长度，基部宽楔形、截形或微心形，先端 3 或 5 浅裂，有时 3 中裂，无毛，基出脉 3 条。花葶1~4，由基部抽出或由苞腋伸出两个花梗，直立；苞片条形；花直径约 7 mm；萼片 5，淡绿色、宽椭圆形；花瓣 5，黄色，狭椭圆形，基部具爪，蜜槽位于爪的上部；花托长椭圆形或圆柱形，被短毛。聚合果椭圆形或卵形，长约 6 mm，宽约 4 mm；瘦果狭倒卵形，长约 1.5 mm，两面扁而稍臌凸，具明显的纵肋，顶端具短喙。花期 6~7 月，果期 7~8 月。

生境分布

中生植物。在砒砂岩区广泛分布于覆土区，常见于潮湿的沟道内或河滩边，轻度耐盐碱性，多株生长，可以形成优势群落，并对于改良土壤和沟道固沙固土起到一定的作用。

022 黄花铁线莲 *Clematis intricata* Bunge
毛茛科，铁线莲属；别名　狗豆蔓、萝萝蔓

形态特征

草质藤本。茎攀缘，多分枝，具细棱。叶对生，为二回三出羽状复叶，长达 15 cm；羽片通常 2 对，具细长柄，小叶条形、条状披针形或披针形，长 1~4 cm，宽 1~10 mm，中央小叶较侧生小叶长，不分裂或下部具 1~2 小裂片，先端渐尖，基部楔形，边缘疏生牙齿或全缘，叶灰绿色，两面疏被柔毛或近无毛。聚伞花序腋生，通常具 2~3 花；花萼钟形，后展开，黄色；萼片 4，狭卵形，先端尖，两面通常无毛，只在边缘密生短柔毛；雄蕊多数，长为萼片之半；心皮多数。瘦果多数，卵形，扁平，长约 2.5 mm，宽 2 mm，沿边缘增厚，被柔毛，羽毛状宿存花柱长达 5 cm。花期 7~8 月，果期 8 月。

生境分布

旱中生植物。在砒砂岩区广泛分布于覆土、覆沙和裸露砒砂岩侵蚀物沉积区，常见于梁峁坡、沟道内、沙地及田边、路旁和村舍附近。抗旱性较强，单株或几株蔓延成片，既可以观赏又可以绿化。

023 角茴香 *Hypecoum erectum* L.

罂粟科，角茴香属

形态特征

一年生低矮草本，高 10~30 cm，全株被白粉，基生叶呈莲座状，轮廓椭圆形或倒披针形，长 2~9 cm，宽 5~15 mm，二至三回羽全裂，一回全裂片 2~6 对，二回全裂片 1~4 对，最终小裂片细条形或丝形，先端尖；叶柄长 2~2.5 cm。聚伞花序，具少数或多数分枝；花淡黄色；萼片 2，卵状披针形，边缘膜质；花瓣 4，外面 2 瓣较大，倒三角形，顶端有圆裂片，内面 2 瓣较小，倒卵状楔形，上部 3 裂，中裂片长矩圆形；雄蕊 4，花丝下半部有狭翅；雌蕊 1，子房长圆柱形，柱头 2 深裂，胚珠多数。蒴果条形，长 3.5~5 cm，种子间有横隔，2 瓣开裂；种子黑色，有明显的十字形突起。

生境分布

中生植物。在砒砂岩区广泛分布于覆土、覆沙和裸露砒砂岩侵蚀物沉积区，常见于梁峁坡、沟道内沙质地上，耐盐碱，单株或几株散生。

024 球茎甘蓝（变种） *Brassica oleacea* L. Vat. *Caulorapa* DC.

十字花科，芸苔属；别名　玉头、苤蓝

形态特征

二年生草本，高 30 ~ 60 cm，全体无毛，带粉霜；茎短，在离地面 2 ~ 4 cm 处膨大成 1 个实心长圆球体或扁球体，绿色，其上生叶。叶略厚，宽卵形至长圆形，长 13.5 ~ 20 cm，基部在两侧各有 1 裂片，或仅在一侧有 1 裂片，边缘有不规则裂齿；叶柄长 6.5 ~ 20 cm，常有少数小裂片；茎生叶长圆形至线状长圆形，边缘具浅波状齿。总状花序顶生；花直径 1.5 ~ 2.5 cm。花及长角果和甘蓝的相似，但喙常很短，且基部膨大；种子直径 1 ~ 2 mm，有棱角。花期 4 月，果期 6 月。

本变种与正种的不同之处在于：近地面（在地上 2~4 cm 处）部分的茎膨大形成球状茎，直径 10~25 cm，在球状茎上部着生多数具长柄的叶，在下部留有横条性的叶痕。

生境分布

中生植物。在砒砂岩区广泛分布于覆土砒砂岩区，常见于宽阔的沟道内，喜温和湿润，适于腐殖质丰富的黏壤土或沙壤土中种植。可以大面积人工栽培，是当地人们栽种蔬菜的一种。

025 青菜 *Brassica chinensis* L.

十字花科，芸苔属；别名　小油菜、小白菜、小青菜

形态特征

一年生或二年生草本，无毛。茎直立，高 30~60 cm，上部有分枝。基生叶深绿色，直立或近开展，倒卵形、宽匙形或矩圆状倒卵形，长 15~30 cm，全缘或有不明显的锯齿或波状齿；叶柄长，肥厚，浅绿色或白色；茎生叶卵形或披针形，长 3~7 cm，宽 1~3 cm，基部两侧有垂耳，抱茎，全缘。花淡黄色。长角果细圆柱形，长 3~6 cm，喙细瘦。种子球形，紫褐色。

生境分布

中生植物。在砒砂岩区广泛分布于覆土砒砂岩区，常见于人们开垦的宽阔的沟道内，喜欢潮湿，适于生长在有肥力的黏壤土中。当地人们大面积栽种，可以作为必要蔬菜的一种。

026 **大白菜** *Brassica pekinensis* (Lour.) Rupr.
十字花科，芸苔属；别名 白菜、京白菜、长白菜

形态特征

一年生或二年生草本，无毛。基生叶多数，密集，大形，外叶矩圆形至倒卵形，长 30~50 cm，宽 10~20 cm，先端圆钝，叶面皱缩或平展，边缘波状，常下延于叶柄上呈翅状；心叶逐渐紧卷成圆筒或头状，白色或淡黄色，中脉宽展肥厚，白色而扁平；茎生叶新月形至披针形，先端圆钝，基部耳状抱茎，全缘或具疏微牙齿。花黄色，萼片直立，淡黄绿色，卵状披针形；花瓣椭圆形，基部具爪。长角果长圆柱形，稍扁，长 3~5 cm，喙短剑状；种子近球形，棕色。花期 5~6 月，果期 6~7 月。

生境分布

中生植物，在砒砂岩区广泛分布于覆土区，喜欢较温和较潮湿的沟道、田间等，当地人们大面积栽种，是冬春季主要蔬菜之一。

027 鹅绒委陵菜 *Potentilla anserina* Ser.

蔷薇科，委陵菜属；别名　河篦梳、蕨麻委陵菜、曲尖委陵菜

形态特征

多年生匍匐草本。根木质，圆柱形，黑褐色，根状茎粗短，包被棕褐色托叶。茎匍匐，纤细，有时长达 30 cm，节上生不定根、叶与花，节间长 5~15 cm。基生叶多数，为不整齐的单数羽状复叶，长 5~15 cm；小叶间夹有极小的小叶片，有大的小叶 11~25，小叶无柄，矩圆形、椭圆形或倒卵形，长 1~3 cm，宽 5~10 mm，边缘有缺刻状锐锯齿，上面无毛或被稀疏柔毛，下面密被绢毛状毡毛或较稀疏；极小的小叶片披针形或卵形，长仅 1~4 mm。花单生于匍匐茎上的叶腋间，直径 1.5~2 cm，花梗纤细，长达 10 cm；花萼被绢状长柔毛，萼片卵形，与副萼片等长或较短；花瓣黄色，宽倒卵形或近圆形，长约 8 mm；花柱侧生。瘦果近肾形，稍扁。花果期 5~9 月。

生境分布

中生植物。广泛分布于覆土、覆沙和裸露砒砂岩侵蚀物沉积区，常见于梁峁坡和沟道内，沟坡少见，耐盐、耐碱性极高，是河滩和沟道内的优势植物，天然生长，可以形成优势群落。

028 二裂委陵菜 *Potentilla bifurca* L.

蔷薇科，委陵菜属；别名 叉叶委陵菜

形态特征

多年生草本，高 5~20 cm，全株被疏或稠密的伏柔毛。茎直立或斜升，自基部分枝。单数羽状复叶，有小叶 4~7 对，最上部 1~2 对，连叶柄长 3~8 cm；小叶片无柄，椭圆形或倒卵椭圆形，长 0.5~1.5 cm，宽 4~8 mm，先端钝或锐尖，部分小叶先端 2 裂，顶生小叶常 3 裂，两面有疏或密的伏柔毛。聚伞花序生于茎顶部，花梗纤细，长 1~3 cm；花直径 7~10 mm；花萼被柔毛，副萼片椭圆形，萼片卵圆形；花瓣宽卵形或近圆形，子房近椭圆形，无毛，花柱侧生。瘦果近椭圆形，褐色。花果期 5~8 月。

生境分布

旱生植物。广泛分布于覆土、覆沙和裸露砒砂岩侵蚀物沉积区，梁峁顶、沟坡、沟道内都可以生长，极其耐旱，轻度耐盐碱，常见于草原级草甸，并且在田边、路边等地方也有分布，适合于砒砂岩地区环境，是一种优势植被。

029 轮叶委陵菜 *Potentilla verticillaris* Stephan ex Willd.

蔷薇科，委陵菜属

形态特征

多年生草本，高 4~15 cm，全株除叶上面和花瓣外几乎全都覆盖一层厚或薄的白色毡毛。茎丛生，直立或斜升。单数羽状复叶多基生；基生叶长 7~15 cm；有小叶 9~13，顶生小叶羽状全裂，侧生小叶常 2 全裂，呈假轮状排列，小叶无柄，近革质，条形，长 5~25 mm，宽 1~2.5 mm，上面绿色，疏生长柔毛，少被蛛丝状毛，下面被白色毡毛，沿主脉与边缘有绢毛；茎生叶 1~2，无柄，有小叶 3~5。聚伞花序生茎顶部；花直径 6~10 mm，花萼被白色毡毛，副萼片条形，萼片狭三角状披针形，长约 3.5 mm，先端渐尖；花瓣黄色，倒卵形，长 6 mm，先端圆形；花柱顶生。瘦果卵状肾形，长 1.5 mm，花果期 5~9 月。

生境分布

旱生植物。广泛分布于覆土、覆沙和裸露砒砂岩侵蚀物沉积区，常见于梁峁顶、沟坡、沟道内，喜于沙地生长，耐旱耐寒，一般单株或几株分布。

030 委陵菜 *Potentilla chinensis* Ser.
蔷薇科，委陵菜属

形态特征

多年生草本，高 20~50 cm。茎直立或斜升，被短柔毛及开展的绢状长柔毛。单数羽状复叶，基生叶丛生，有小叶 11~25，连叶柄长达 20 cm；顶生小叶最大，两侧小叶逐渐变小，小叶片狭长椭圆形或椭圆形，长 1.5~4 cm，宽 5~10 mm，羽状中裂或深裂，每侧有 2~10 个裂片，裂片三角状卵形或三角状披针形，先端锐尖，边缘向下反卷，上面绿色，被短柔毛，下面被白色毡毛；茎生叶较小，叶柄较短或无柄，小叶较少。伞房状聚伞花序，有多数花，较紧密；花梗长 5~10 mm，与总花梗都有短柔毛和长柔毛；花直径约 1 cm；花萼两面均被柔毛，萼片卵状披针形，较大，长 3~4 mm；花瓣黄色，宽倒卵形，长约 4 mm；花柱近顶生。瘦果肾状卵形，稍有皱纹。花果期 7~9 月。

生境分布

中旱生植物。广泛分布于覆土、覆沙和裸露砒砂岩侵蚀物沉积区，梁峁顶、沟坡和沟道内都有，更易见于沟道，喜潮湿环境，在路边、田边、村舍附近等地方常见。单株或几株生长，大片生长较少，生命力旺盛。

031 菜豆 *Phaseolus vulgaris* L.

豆科，菜豆属；别名 芸豆、豆角、四季豆、莲豆

形态特征

一年生草本。茎缠绕或直立，全株被短毛。羽状三出复叶；托小叶，卵状披针形或三角状披针形；小托叶披针形或倒披针形；小叶菱状卵形或宽卵形，长 6~8 cm，宽 5~7 cm，先端短渐尖至渐尖，有时突尖，基部圆形或宽楔形，侧生小叶的基部偏斜，全缘，两面有毛。总状花序腋生，通常具花数朵，有时可多至 10 余朵，花白色、淡红色或淡紫色等，长 1.5~2 cm，小苞片卵形、斜卵形或宽卵形，较萼长；花萼钟状，萼齿二唇形，下唇 3 齿，上唇 2 齿几乎全部愈合；旗瓣扁圆形或肾形，具短爪，翼瓣匙形，基部有截形的耳或不发达的耳，并具短爪，龙骨瓣上端卷曲 1 圈或近 2 圈；子房条形，花柱及花丝随龙骨瓣卷曲。荚果条形，膨胀或略扁，长 10~15 cm，宽 8~20 mm，顶端呈喙状，表面无毛，含种子数粒；种子矩圆形或肾形，白色或带红色或具花斑，或为其他颜色，光亮，长 13~15 mm。花期 6~8 月，果期 8~9 月。

生境分布

中生植物。常分布于覆土砒砂岩区的沟道内，人工栽培为主，是必要蔬菜的一种。

032 **大豆** *Glycine max* (L.) Merr.
豆科，大豆属；别名　毛豆、黄豆、黑豆

形态特征

一年生草本，高 60~90 cm。茎粗壮，通常直立，具条棱，密被黄褐色长硬毛。叶为羽状三出复叶；托叶披针形，小托叶条形披针形，托叶、小托叶、叶轴及小叶柄均被黄色长硬毛；小叶卵形或菱状卵形，长 7~13 cm，宽 3~7 cm，先端锐尖或钝圆，有时渐尖，基部宽楔形或圆形，两面均被白色长柔毛，侧生小叶较小，斜卵形。总状花序腋生，苞片及小苞片披针形，有毛；花小，白色至淡紫色，长 6~8 mm；花萼钟状，密被黄色长硬毛，萼齿披针形，下面 1 萼齿最长；旗瓣近圆形，顶端微凹，基部具短爪，翼瓣矩圆形，具爪和耳，龙骨瓣倒卵形，具短爪；子房有毛。荚果矩圆形，略弯，下垂，长 3~5 cm，宽 8~12 mm，在种子间缢缩，密被黄褐色长硬毛；种子椭圆形、近球形、宽卵形或近矩圆形等，黄色、黑色、淡绿色等。花期 6~7 月，果期 7~9 月。

生境分布

旱中生植物。广泛分布于覆土砒砂岩区。常见于沟道内，适于干旱半干旱的黏土质环境生长，人工大面积栽培，是粮食作物的一种。

033 短翼岩黄芪 *Hedysarum brachypterum* Bunge
豆科，岩黄芪属；别名 红花草

形态特征

多年生草本，高 15~30 cm。茎斜升，疏或密生长柔毛。单数羽状复叶，小叶 11~25；托叶三角形，膜质，褐色，外面有长柔毛；小叶椭圆形、矩圆形或条状矩圆形，长 4~10 mm，宽 2~4 mm，先端钝，基部圆形或近宽楔形，全缘，常纵向折叠，上面密布暗绿色腺点，近无毛，下面密生灰白色平伏长柔毛。总状花序腋生，具花 10~20 朵；苞片披针形，膜质，褐色；小苞片条形；花红紫色，长 13~14 mm，花萼钟状，内外有毛，萼齿披针状锥形，下 2 萼齿，较萼筒稍长，上和中萼齿约与萼筒等长；旗瓣倒卵形，顶端微凹，无爪，翼瓣矩圆形，长为旗瓣的 1/2，有短爪，龙骨瓣长为翼瓣的 2~3 倍，有爪；子房有柔毛，具短柄。荚果有 1~3 荚节，顶端有短尖，荚节宽卵形或椭圆形，有白色柔毛和针刺。花期 7 月，果期 7~8 月。

生境分布

旱生植物。广泛分布于覆土、覆沙和裸露砒砂岩侵蚀物沉积区，常见于梁峁坡等地方，耐旱性极强，一株或几株散生分布，植株高大，生长茂盛。

034 斜茎黄芪 *Astragalus adsurgens* Pall.

豆科，黄芪属；别名 直立黄芪、马拌肠

形态特征

多年生草本，高 20~60 cm。根较粗壮，暗褐色。茎数个至多数丛生，斜升，稍有毛或近无毛。单数羽状复叶，具小叶 7~23；托叶三角形，基部彼此稍连合或有时分离；小叶卵状椭圆形、椭圆形或矩圆形，长 10~30 cm，宽 2~8 mm，先端钝或圆，有时稍尖，基部圆形或近圆形，全缘，上面无毛或近无毛，下面有白色丁字毛。总状花序与茎上部腋生，花序矩圆形，少为近头状，花多数，密集，有时稍稀疏，蓝紫色、近蓝色或红紫色，稀近白色；苞片狭披针形至三角形；花萼筒状钟形，被黑色或白色丁字毛或两者混生，萼齿披针状条形或锥状；旗瓣卵状匙形，顶端深凹，基部渐狭，翼瓣比旗瓣稍短，比龙骨瓣长；子房有白色丁字毛，基部有极短的柄。荚果矩圆形，长 7~15 mm，具 3 棱，稍侧扁，背部凹入成沟，顶端具下弯的短喙，基部有极短的果梗，表面被黑色、褐色或白色的丁字毛，由于背缝线凹入将荚果分隔为 2 室。花期 7~9 月，果期 8~10 月。

生境分布

中旱生植物。广泛分布于覆土、覆沙和裸露砒砂岩侵蚀物沉积区，常见于梁峁顶、沟道内，抗旱、抗寒性较强，喜于黏土和沙质黏土生长，单株高大茂盛，是砒砂岩区常见的一种优势植物，可以人工大面积栽培，也可以天然生长，形成优势群落，通常与柠条、沙棘等灌木共生，长势良好。

035 沙打旺（栽培变种）

Astragalus adsurgens Pall cv.' shadawang'

豆科，黄芪属；别名 直立黄芪、马拌肠、斜式黄芪

形态特征

多年生草本植物，主根长而弯曲，侧根发达，细根较少。入土深度一般可达 1 ~ 2 m。茎圆形，中空，一年生植株主茎明显，有数个到十几个分枝，间有二级分枝出现；二年生以上植株主茎不明显，一级分枝由基部分出，丛生，每丛数个到数十个二级或三级分枝。子叶出土，长椭圆形或卵圆形，第 1、2 片真叶为单叶，第 3、4 片真叶为单叶或复叶，从第 5 片起为奇数羽状复叶，小叶数 3 ~ 25 枚。总状花序，花序长圆柱形或穗形，长 2 ~ 3.5 cm，每序有小花数十朵。花蓝色、紫色或蓝紫色，萼筒状 5 裂；花翼瓣和龙骨瓣短于旗瓣。荚果长圆筒形或长椭圆形，具三棱。

本栽培变种与野生种的区别在于：茎直立或近直立，粗壮。

生境分布

中旱生植物。是斜茎黄芪的变种，生长环境和配置模式相近。

036 草木樨状黄芪 *Astragalus melilotoides Pall.*

豆科, 黄芪属; 别名 扫帚苗、层头、小马层子

形态特征

多年生草本, 高 30~100 cm。根深长, 较粗壮。茎多数由基部丛生, 直立或稍斜升, 多分枝, 有条棱, 疏生短柔毛或近无毛。单数羽状复叶, 具小叶 3~7; 托叶三角形至披针形, 基部彼此连合; 小叶矩圆形或条状矩圆形, 长 5~15 mm, 宽 1.5~3 mm, 先端钝、截形或微凹, 基部楔形, 全缘, 两面疏生白色短柔毛。总状花序腋生; 花小, 长约 5 mm, 粉红色或白色, 多数, 疏生; 苞片甚小, 锥形; 花萼钟状, 疏生短柔毛, 萼齿三角形; 旗瓣近圆形或宽椭圆形, 基部具短爪, 顶端微凹, 翼瓣比旗瓣稍短, 顶端成不均等的 2 裂, 基部具耳和爪, 龙骨瓣比翼瓣短; 子房无毛。荚果近圆形或椭圆形, 长 2.5~3.5 mm, 顶端微凹, 具短喙, 表面有横纹, 背部具稍深的沟, 2 室。花期 7~8 月, 果期 8~9 月。

生境分布

中旱生植物。广泛分布于覆土、覆沙、裸露砒砂岩侵蚀物沉积区, 常见于梁峁顶、沟道内等地方, 耐旱性强, 喜生于沙质黏土、沙土等疏松土壤环境, 单株或多株散生分布, 常伴生植物有赖草、针茅等, 生命力顽强, 是砒砂岩区一种优势植物。

037 白花黄芪 *Astragalus galactites* Pall.

豆科，黄芪属；别名 乳白花黄芪

形态特征

多年生草本，高 5~10 cm。具短缩而分歧的地下茎，地上部分无茎或具极短的茎。单数羽状复叶，具小叶 9~21；托叶下部与叶柄合生，离生部分卵状三角形，膜质，密被长毛；小叶矩圆形、椭圆形、披针形至条状披针形，长 5~15 mm，宽 1.5~3 mm，先端钝或锐尖，有小突尖，基部圆形或楔形，全缘，上面无毛，下面密被白色平伏的丁字毛。花序近无梗，通常每叶腋具花 2 朵，密集于叶丛基部如根生状；花白色或稍带黄色；苞片披针形至条状披针形，被白色长柔毛；萼筒状钟形，萼齿披针状条形或近锥形，密被开展的白色长柔毛；旗瓣菱状矩圆形，长 20~30 mm，顶端微凹，中部稍缢缩，中下部渐狭成爪，两侧成耳状，翼瓣及龙骨瓣均具细长爪；子房有毛，花柱细长。荚果小，卵形，长 4~5 mm，先端具喙，通常包于萼内，1 室，通常含种子 2 粒。花期 5~6 月，果期 6~8 月。

生境分布

旱生植物。广泛分布于覆土、覆沙和裸露砒砂岩侵蚀物沉积区，常见于梁峁坡顶、沟道内，沟坡也有但是少见，耐旱性极强，在砒砂岩区天然草地中形成优势群落，并在沙砾质土壤生长尤为茂盛，可以作为人工大面积栽培的优良品种。

038 紫花苜蓿 *Medicago sativa* L.

豆科，苜蓿属；别名 紫苜蓿、苜蓿

形态特征

多年生草本，高 30~100 cm。根系发达，主根粗而长，入土深度达 2 m 余。茎直立或有时斜升，多分枝，无毛或疏生柔毛。羽状三出复叶，顶生小叶较大；托叶狭披针形或锥形，下部与叶柄合生；小叶矩圆状倒卵形、倒卵形或倒披针形，长 5~30 mm，宽 3.5~13 mm，先端钝或圆，具小刺尖，基部楔形，叶缘上部有锯齿，中下部全缘，上面无毛或近无毛，下面疏生柔毛。短总状花序腋生，具花 5~20 朵，通常较密集；花紫色或蓝紫色，花梗短；苞片小，条状锥形；花萼筒状钟形，有毛，萼齿锥形或狭披针形，比萼筒长或与萼筒等长；旗瓣倒卵形，先端微凹，翼瓣比旗瓣短，基部具长的耳及爪，龙骨瓣比翼瓣稍短；子房条形，花柱稍向内弯，柱头头状。荚果螺旋形，通常卷曲 1~2.5 圈，密生伏毛，含种子 1~10 粒；种子小，肾形，黄褐色。花期 6~7 月，果期 7~8 月。

生境分布

中旱生植物。广泛分布于覆土、覆沙和裸露砒砂岩侵蚀物沉积区，在梁峁坡、沟坡及沟道内都可以见到，相比之下，沟坡上水分少，只能零星分布。比较喜湿，喜光，对土壤环境要求不高，但在沙土地生长得尤为茂盛。在沟道内可以大面积生长，形成天然的优势群落，是砒砂岩区很重要的一种豆科优良牧草，是非常值得推广的一种优良品种。

039 黄花苜蓿 *Medicago falcata* L.
豆科，苜蓿属；别名 野苜蓿、镰荚苜蓿

形态特征

多年生草本，高 30~100 cm。根粗壮，木质化。茎斜升或平卧，多分枝，被短柔毛。叶为羽状三出复叶；托叶卵状披针形或披针形，长 3~6 mm，长渐尖，下部与叶柄合生；小叶倒披针形、条状倒披针形、稀倒卵形或矩圆状卵形，长 5~20 mm，宽 2.5~7 mm，先端钝圆或微凹，具小刺尖，基部楔形，边缘上部有锯齿，下部全缘，上面近无毛，下面被长柔毛。总状花序密集成头状，腋生，通常具花 5~20 朵，总花梗长，超出叶，花黄色，长 6~9 mm；花梗长约 2 mm，有毛；苞片条状锥形，花萼钟状，密被柔毛；萼齿狭三角形，长渐尖，比萼筒稍长或与萼筒近等长；旗瓣倒卵形，翼瓣比旗瓣短，耳较长，龙骨瓣与翼瓣近等长，具短耳及长爪；子房宽条形，稍弯曲或近直立，有毛或近无毛，花柱向内弯曲，柱头头状。荚果稍扁，镰刀形，稀近于直，长 7~12 mm，被伏毛，含种子 2~4 粒。花期 7~8 月，果期 8~9 月。

生境分布

旱中生植物。广泛分布于覆土、覆沙和裸露砒砂岩侵蚀物沉积区，沟道内、梁峁坡地方尤为常见，喜生于沙土地，耐寒性很强，可以在砒砂岩区形成天然草场，并可以大面积人工栽培。

040 天蓝苜蓿 *Medicago lupulina* L.

豆科，苜蓿属；别名 黑荚苜蓿

形态特征

一年生或二年生草本，高 10~30 cm。茎斜倚或斜升，细弱被长柔毛或腺毛，稀近无毛。羽状三出复叶；托叶卵状披针形或狭披针形，下部与叶柄合生，有毛；小叶宽倒卵形，倒卵形至菱形，长 7~14 mm，宽 4~14 mm，先端钝圆或微凹，基部宽楔形，边缘上部具锯齿，下部全缘，上面疏生白色柔毛。花 8~15 朵密集成头状花序，生于总花梗顶端；花小，黄色；苞片极小，条状锥形；花萼钟状，密被柔毛，萼齿条状披针形或条状锥形，比萼筒长 1~2 倍；旗瓣近圆形，顶端微凹，基部渐狭，翼瓣显著比旗瓣短，具向内弯的长爪或短耳，龙骨瓣与翼瓣近等长或比翼瓣稍长；子房长椭圆形，花柱向内弯曲，柱头头状。荚果肾形，长 2~3 mm，成熟时黑色，表面具纵纹，疏生腺毛，有时混生细柔毛，含种子 1 粒；种子小，黄褐色。花期 7~8 月，果期 8~9 月。

生境分布

中生植物。广泛分布于覆土、覆沙砒砂岩区，裸露砒砂岩侵蚀物沉积区少见，植株很小，常见于梁峁坡和沟道内，耐轻度碱性，也适于河滩边或田边等地，少见成片生长，单株或几株零星分布。

041 达乌里胡枝子 *Lespedeza davurica* (Laxm.) Schindl.

豆科，胡枝子属；别名　牤牛茶、牛枝子、兴安胡枝子

形态特征

多年生草本，高 20~50 cm。茎单一或数个簇生，通常稍斜升。老枝黄褐色或赤褐色，嫩枝绿褐色，有细棱并有白色短柔毛。羽状三出复叶；托叶 2，刺芒状；小叶披针状矩圆形，长 1.5~3 cm，宽 5~10 mm，先端圆钝，有短刺尖，基部圆形，全缘，上面绿毛，无毛或有平伏毛，下面淡绿色，伏生柔毛。总状花序腋生；小苞片披针状条形；萼筒杯状，萼片披针状钻形，先端刺芒状；花冠黄白色，长约 1 cm，旗瓣椭圆形，中央常稍带紫色，下部有短爪，翼瓣矩圆形，较短，龙骨瓣长于翼瓣，均有长爪；子房条形，有毛。荚果小，包于宿存萼内，倒卵形或长倒卵形，长 3~4 mm，顶端有宿存花柱，两面凸出，伏生白色柔毛。花期 7~8 月，果期 8~10 月。

生境分布

中旱生植物。广泛分布于覆土、覆沙和裸露砒砂岩侵蚀物沉积区，常见于梁峁顶、沟坡和沟道内，耐干旱，可形成大面积天然草场，常与赖草、针茅等形成优势群落，是砒砂岩区主要的一种优良豆科植物，可以大面积人工栽培，是在砒砂岩区进行大面积推广的必要品种。

042 砂珍棘豆 *Oxtropis gracilima* Bunge

豆科，棘豆属；别名　泡泡草、砂棘豆

形态特征

多年生草本，高 5~15 cm。根圆柱形，伸长，黄褐色。茎短缩或几乎无地上茎。叶丛生，多数；托叶卵形，大部与叶柄连合；叶为具轮生小叶的复叶，每叶有 6~12 轮，每轮有 4~6 小叶，均密被长柔毛，小叶条形、披针形或条状矩圆形，长 3~10 mm，宽 1~2 mm，先端锐尖，基部楔形，边缘常内卷。总状花序近头状，生于总花梗顶端；花较小，长 8~10 mm，粉红色或带紫色；苞片条形；萼钟状，密被长柔毛，萼齿条形，密被长柔毛；旗瓣倒卵形，顶端圆或微凹，基部渐狭成短爪，翼瓣比旗瓣稍短，龙骨瓣比翼瓣稍短或近等长，顶端具长约 1 mm 的喙；子房被短柔毛，花柱顶端稍弯曲。荚果宽卵形，膨胀，长约 1 cm，顶端具短喙，表面密被短柔毛，腹缝线内凹形成 1 条狭窄的假隔膜，为不完全的 2 室。花期 5~7 月，果期 6~9 月。

生境分布

旱生植物。广泛分布于覆土、覆沙和裸露砒砂岩侵蚀物沉积区，在梁峁顶、沟坡、沟道内都十分常见，因其耐旱性极高，在干草原草甸长势良好，并在典型砒砂岩区形成优势群落，伴生植物通常有赖草、针茅等，可以大面积人工栽培，对保持水土流失有至关重要的作用。

043 二色棘豆 *Oxtropis bicolor* Bunge
豆科，棘豆属

形态特征

多年生草本，高5~10 cm，植物体各部有开展的白色绢状长柔毛。茎极短，似无茎状。托叶卵状披针形，与叶柄基部连生；叶为具轮生小叶的复叶，每叶有8~14轮，每轮有小叶4，少有2片对生，小叶片条形或条状披针形，长5~6 mm，宽1.5~3.5 mm，先端锐尖，基部圆形，全缘，边缘常反卷。花蓝紫色，于总花梗的顶端疏或密地排列成短总状花序；苞片披针形，先端锐尖；萼筒状，萼齿条状披针形；旗瓣菱状卵形，干后有黄绿色斑，长15~18 mm，顶端微凹，基部渐狭成爪，翼瓣较旗瓣稍短，具耳和爪，龙骨瓣顶端有长约1 mm的喙；子房有短柄。荚果矩圆形，长约17 mm，腹背稍扁，顶端有长喙，密被白色长柔毛；假2室。花期5~6月，果期7~8月。

生境分布

中旱生植物。在覆土、覆沙和裸露砒砂岩侵蚀物沉积区都可见，但比较少见，主要分布在梁峁坡和沟道内，几株散生分布，不是多株簇拥，喜沙质土，耐干旱。

044 山野豌豆 *Vicia amoena* Fisch.

豆科，野豌豆属；别名　山黑豆、落豆秧、透骨草

形态特征

多年生草本，高 40~80 cm。主根粗壮。茎攀缘或直立，具四棱。叶为双数羽状复叶，具小叶 6~14，互生；叶轴末端成分枝或单一的卷须，托叶大，2~3 裂成半边戟形或半边箭头形，小叶椭圆形或矩圆形，长 15~30 mm，宽 6~15 mm，先端圆或微凹，具刺尖，基部通常圆，全缘，上面无毛，下面沿叶脉及边缘疏生柔毛或近无毛。总状花序，腋生，具 10~20 朵花；花红紫色或蓝紫色，花萼钟状，有毛，上萼齿较短，三角形，下萼齿较长，披针锥形；旗瓣倒卵形，顶端微凹，翼瓣与旗瓣近等长，龙骨瓣稍短于翼瓣，顶端渐狭，略呈三角形；子房有柄，花柱急弯，上部周围有毛，柱头头状。荚果矩圆状菱形，无毛，含种子 2~4 粒。种子圆形，黑色。花期 6~7 月，果期 7~8 月。

生境分布

中旱生植物。广泛分布于覆土和裸露砒砂岩侵蚀物沉积区，在梁峁顶常见，沟坡和沟道内少见，耐寒和耐旱性较强，单株或几株散生，生命力顽强。

045 大叶野豌豆 *Vicia pseudorobus* Fisch. & C. A. Mey.

豆科，野豌豆属；别名　假香野豌豆、火叶草藤

形态特征

多年生草本，高 50~150 cm。根茎粗壮，分枝。茎直立或攀缘，有棱，被柔毛或近无毛。叶为双数羽状复叶，具小叶 6~10，互生，叶轴末端成分枝或单一的卷须；托叶半边箭头形，边缘通常具一至数个锯齿，长 8~15 mm，小叶卵形、椭圆形或披针形卵状，近革质，长 15~45 mm，宽 8~25 mm，先端钝，有时稍尖，有刺尖，基部圆形或宽楔形，全缘，上面无毛，下面疏生柔毛或近无毛，叶脉明显，侧脉不达边缘，在末端连合成波状或牙齿状。总状花序，腋生，具花 20~25 朵；总花梗超出于叶；花紫色或蓝紫色，花梗有毛；花萼钟状，无毛或近无毛，萼齿短，三角形；旗瓣矩圆状倒卵形，先端微凹，瓣片稍短于瓣爪或近等长，翼瓣与龙骨瓣等长，稍短于旗瓣；子房有柄，花柱急弯，上部周围有毛，柱头头状。荚果扁平或稍扁，矩圆形，顶端斜尖，无毛，含 2~3 粒种子。花期 7~9 月，果期 8~9 月。

生境分布

中生植物。广泛分布于覆土砒砂岩区，梁峁坡和沟道内常见。喜欢较温湿环境，在田边及灌木丛中零星分布。

046 白花草木樨 *Melilotus albus* Desr.

豆科，草木樨属；别名 白香草木樨

形态特征

一年生或二年生草本，高达 1 m 以上，全株有香味。茎直立，圆柱形，中空。叶为羽状三出复叶；托叶锥形或条状披针形；小叶椭圆形、矩圆形、卵状矩圆形或倒卵状矩圆形等，长 15~30 mm，宽 6~11 mm，先端钝或圆，基部楔形，边缘具疏锯齿。总状花序腋生，花小，多数，稍密生，花萼钟状，萼齿三角形；花冠白色，长 4~4.5 mm；旗瓣椭圆形，顶端微凹或近圆形，翼瓣比旗瓣短，比龙骨瓣稍长或近等长。荚果小，椭圆形或近矩圆形，长约 3.5 mm，初时绿色，后变黄褐色至黑褐色，表面具网纹，内含种子 1~2 粒；种子肾形，褐黄色。花果期 7~8 月。

生境分布

中生植物。广泛分布于覆土砒砂岩区，梁峁坡和沟道内常见，喜潮湿土壤环境，人工大面积在路边栽培做城市绿化，也有天然在路边或田边生长，是砒砂岩区比较常见的一种优良草本植物。

047 草木樨 *Melilotus suaveolens* Ledeb.

豆科，草木樨属；别名 黄花草木樨、马层子、臭苜蓿

形态特征

一年生或二年生草本，高 60~90 cm，有时可达 1 m 以上。茎直立，粗壮，多分枝，光滑无毛。叶为羽状三出复叶；托叶条状披针形；小叶倒卵形、矩圆形或倒披针形，长 15~30 mm，宽 3~12 mm，先端钝，基部楔形或近圆形，边缘有不整齐的疏锯齿。总状花序细长，腋生，有多数花；花黄色，长 3.5~4.5 mm；花萼钟状，萼齿 5，三角状披针形；旗瓣椭圆形，先端圆或微凹，基部楔形，翼瓣比旗瓣短，与龙骨瓣略等长；子房卵状矩圆形，无柄，花柱细长。荚果小，近球形或卵形，长约 3.5 mm，成熟时近黑色，表面具网纹，内含种子 1 粒，近圆形或椭圆形，稍扁。花期 6~8 月，果期 7~10 月。

生境分布

旱中生植物。广泛分布于覆土、覆沙和裸露砒砂岩侵蚀物沉积区，在梁峁坡顶和沟道内很常见，沟坡上零星分布，耐旱性比较高，在梁峁坡顶和沟道内都可以大面积生长，既可以天然生长，也可以人工栽培，适应性很强。常见伴生植物有禾本科或少量菊科，是砒砂岩地区一种分布极为广泛的主要植物，应当极力推广。

048 豇豆 *Vigna unguiculata* (L.) Walp.
豆科，豇豆属

形态特征

一年生草本。茎缠绕，无毛或近无毛。羽状三出复叶；托叶椭圆形或卵状披针形，先端尾尖，基部略向一侧延伸出短尾尖，具小托叶；顶生小叶菱状卵形，长 5~13 cm，宽 4~6 cm，先端渐尖，基部楔形，侧生小叶斜卵形，两面无毛。总状花序腋生，具花 2~3 朵；花大，淡蓝紫色，长约 2 cm；花萼钟状，萼齿 5，披针形；旗瓣扁圆形，顶部微凹，基部稍有耳，具短爪，翼瓣略呈三角形，具爪，龙骨瓣稍弯，亦具爪；子房条形，有短柔毛。荚果条状圆柱形，稍肉质而柔软，长 20~30 cm，宽 5~12 mm，具多数种子，成熟时种子间缢缩；种子肾形。花期 7~8 月，果期 9 月。

生境分布

中生植物。分布于覆土砒砂岩区沟道内，喜温湿环境和疏松土壤，是当地蔬菜的一种，可以大面积人工栽培。

049 落花生 *Arachis hypogaea* L.

豆科，落花生属；别名　花生

形态特征

一年生草本，高 20~30 cm。根部有丰富的根瘤。茎直立或匍匐，有棕色长柔毛。双数羽状复叶，具小叶 4；托叶大，条状披针形，下部与叶柄连合；叶柄长 5~10 cm；小叶倒卵形、倒卵状椭圆形或倒卵状矩圆形，长 2.5~5 cm，宽 1.5~2.5 cm，先端圆形，具小刺状，基部宽楔形或近圆形，两面无毛。花单生或少数簇生于叶腋；开花期无花梗；花萼筒管状细长，上方的 4 枚萼裂片彼此几乎愈合到先端，下方 1 裂片细长，均疏生长毛；花冠及雄蕊着生于萼管喉部，旗瓣宽大，近圆形或扁圆形，顶端微凹，翼瓣倒卵形，具有短的耳和爪，龙骨瓣向后弯曲，顶端渐狭尖成喙状，较翼瓣短；雄蕊 9 枚合生，1 枚退化；子房藏于萼管中，有一至数颗胚胎，花柱上部有须毛；受精后花瓣及雄蕊脱落。荚果矩圆形，膨胀，果皮厚，具明显的网纹，种子间通常缢缩，具 1~3 粒种子。

生境分布

中生植物。分布于覆土、覆沙砒砂岩区，在沟道内的耕地里常见，梁峁坡较少，喜于潮湿和疏松的沙质土壤，当地人们大面积栽培，作为豆科植物的一种。

050 苦参 *Sophora flavescens* Aiton

豆科，槐属；别名　苦参麻、山槐、地槐、野槐

形态特征

多年生草本，高 1~3 m。根圆柱状，外皮浅棕黄色。茎直立，多分枝，具不规则的纵沟，幼枝被疏柔毛。单数羽状复叶，长 20~25 cm，具小叶 11~19；托叶条形；小叶卵状矩圆形、披针形或狭卵形，稀椭圆形，长 2~4 cm，宽 1~2 cm，先端锐尖或稍钝，基部圆形或宽楔形，全缘或具微波状缘，上面暗绿色，无毛，下面苍绿色，疏生柔毛。总状花序顶生，长 15~20 cm；花梗细，苞片条形；花萼钟状，稍偏斜，顶端有短三角状微齿；花冠淡黄色，旗瓣匙形，比其他花瓣稍长，翼瓣无耳；雄蕊 10，离生；子房筒状。荚果条形，长 5~12 cm，于种子间微缢缩，呈不明显的串珠状，疏生柔毛，有种子 3~7 粒；种子近球形，棕褐色。花期 6~7 月，果期 8~10 月。

生境分布

中旱生植物。广泛分布于覆土、覆沙和裸露砒砂岩侵蚀物沉积区，常见于梁峁坡，耐旱、耐寒性较强，在道路边常见，通常作为道路绿化植物。

051 苦马豆 *Sphaerophysa salsula* (pall.) DC.

豆科，苦马豆属；别名　羊卵蛋、羊尿泡

形态特征

多年生草本，高 20~60 cm，全株被灰白色短伏毛。茎直立，具开展的分枝。单数羽状复叶，小叶 13~21；托叶披针形；小叶倒卵状椭圆形或椭圆形，长 5~15 mm，宽 3~7 mm，先端圆钝或微凹，基部宽楔形或近圆形，两面均被平伏的短柔毛；小叶柄极短。总状花序腋生，比叶长；总花梗有毛；苞片披针形；花萼杯状，萼齿三角形；花冠红色，长 12~13 mm；旗瓣圆形，开展，两侧向外翻卷，顶端微凹，基部有短爪，翼瓣比旗瓣稍短，矩圆形，顶端圆，基部有爪及耳，龙骨瓣与翼瓣近等长；子房条状矩圆形，有柄，被柔毛，花柱稍弯，内侧具纵列须毛。荚果宽卵形或矩圆形，膜质，膀胱状，长 1.5~3 cm，直径 1.5~2 cm，有柄；种子肾形，褐色。花期 6~7 月，果期 7~8 月。

生境分布

中旱生植物。广泛分布于覆土、覆沙和裸露砒砂岩侵蚀物沉积区，尤为在沟道内常见，耐盐、耐碱、耐旱性都比较强，喜于疏松的土壤生长，在荒漠带也有分布。通常都是几株或多株共存，可以在砒砂岩区大面积人工栽培。

052 牻牛儿苗 *Erodium stephanianuum* Willd

牻牛儿苗科,牻牛儿苗属;别名 太阳花

形态特征

一年生或二年生草本,高 10~60 cm。根直立,圆柱状。茎平铺地面或稍斜升,多分枝。叶对生,二回羽状深裂,轮廓长卵形或矩圆状三角形,长 6~7 cm,宽 3~5 cm,一回羽片 4~7 对,基部下延至中脉,小羽片条形,全缘或具 1~3 粗齿,两面具疏柔毛;叶柄长 4~7 cm;托叶条状披针形。伞形花序腋生,通常有 2~5 花,花梗长 2~3 cm,萼片矩圆形或近椭圆形,具多数脉及长硬毛,先端具长芒;花瓣淡紫色或紫蓝色,倒卵形,长约 7 mm;子房被灰色长硬毛。蒴果长 4~5 cm,顶端有长喙,成熟时 5 个果瓣与中轴分离,喙部呈螺旋状卷曲。花期 6~8 月,果期 8~9 月。

生境分布

旱中生植物。广泛分布于覆土、覆沙和裸露地区,常见于梁峁坡和沟道内,对土壤环境要求不高,耐贫瘠,耐干旱,常伴植物有禾本科和菊科等,单株或几株散生,生命力顽强,植株茂盛。

053 蒺藜 *Tribulus terrestris* L.
蒺藜科，蒺藜属

形态特征

一年生草本。茎由基部分枝，平铺地面，长可达 1 m 左右，全株被绢状柔毛。双数羽状复叶，长 1.5~5 cm；小叶 5~7 对，矩圆形，长 6~15 mm，宽 2~5 mm，上面深绿色，较平滑，下面色略淡，被毛较密。萼片卵状披针形，宿存；花瓣倒卵形，长约 7 mm，雄蕊 10；子房卵形，密被长毛，花柱单一，短而膨大，柱头 5，下延。果由 5 个分果瓣组成，每果瓣具长短棘刺各一对，背面有短硬毛及瘤状突起。花期 5 月，果期 7~8 月。

生境分布

中生植物。广泛分布于覆土、覆沙和裸露砒砂岩侵蚀物沉积区，在梁峁顶和沟道内常见，在砒砂岩典型区域和路边、田间等地都有分布，喜生于较潮湿的沙质黏土壤，单株蔓延，植株生命力旺盛。

054 五叶地锦 *Parthenocissus quinquefolia* (L.) Planch.

葡萄科，爬山虎属

形态特征

木质攀缘藤木，高可达 10 m。卷须与叶对生，有 5~8 分枝。掌状复叶，小叶 5 枚，长圆状卵形或长圆状倒卵形，长 3~10 cm，宽 2~4 cm，中上部边缘有粗齿，光滑无毛。圆锥状聚伞花序，与叶对生；萼有 5 齿或近截形；花瓣 5，黄绿色，顶端合生；雄蕊 5；子房上位，2 室。浆果球形，径约 6 mm，熟后蓝黑色，有 1~3 粒种子。花期 7~8 月，果熟期 9~10 月。

生境分布

中生植物。分布于覆土砒砂岩区，在沟道内少有分布，由于水分少的问题，即使有生长，植株比较小。因其喜温暖气候，也有一定的耐寒能力，在园林有人工栽培，用于美化及绿化环境。

055 乌叶蛇葡萄 *Ampelopsis aconitifolia* Bunge
葡萄科，蛇葡萄属；别名 草白蔹

形态特征

木质藤本，长达 7 m。老枝皮暗灰褐色，具纵条棱与皮孔；卷须与叶对生，具 2 分叉。叶掌状，3~5 全裂，宽卵形，具长叶柄；全裂片披针形、菱状披针形或卵状披针形，长 3~7 cm，宽 1~2 cm，先端锐尖，常羽状深裂，裂片全缘或具粗牙齿。二歧聚伞花序具多数花，与叶对生，具细长的总花轴；花萼不分裂；花瓣 5，椭圆状卵形，绿黄色；雄蕊 5，与花瓣对生，花盘浅盘状。浆果近球形，直径 5~7 mm，成熟时橙黄色，具斑点，含种子 1~2 颗。花期 6~7 月，果期 8~10 月。

生境分布

旱中生植物。广泛分布于覆土、覆沙和裸露砒砂岩侵蚀物沉积区，在梁峁坡和沟道内能见，但是比较少，喜欢温湿环境，稍石质山地也能见到，单株或几株散生，蔓延。

056 葡萄 *Vitis vinifera* L.

葡萄科，葡萄属；别名　欧洲葡萄、草龙珠

形态特征

　　木质藤本，长达 20 m。树皮红褐色至黄褐色，多呈长条状剥落；卷须分枝。叶圆形或卵圆形，长与宽为 5~12 cm，基部心形，掌状 3~5 裂，边缘有粗牙齿，两面无毛或下面稍被绵毛；叶柄长 1~5 cm。圆锥花序与叶对生，花小，黄绿色，两性花或单性花。果序下垂，圆柱形或圆锥形，浆果的果形和颜色因品种不同而异，形状有球形、椭圆形、卵形、心脏形等，成熟时颜色有黑紫色、红色、黄色、绿色等；种子倒梨形。花期 6 月，果期 8~10 月上旬。

生境分布

　　中生植物。分布于覆土砒砂岩区的沟道内，喜生于潮湿土壤，主要是人工栽培，既是观赏美化园林的一种植物，又是一种非常美味的水果。

057 苘麻 *Abutilon theophrasti* Medik.

锦葵科，苘麻属；别名　青麻、白麻、车轮草

形态特征

　　一年生亚灌木状草本，高 1~2 m。茎直立，圆柱形，上部常分枝，被柔毛及星状毛。叶圆心形，长 8~17 cm，先端长渐尖，基部心形，边缘具细圆锯齿，两面密被星状柔毛。花单生于茎上部叶腋；花梗近顶端有节；萼杯状，裂片 5，卵形或椭圆形，顶端急尖；花冠黄色，花瓣倒卵形，顶端微缺，长约 1 cm；雄蕊筒短，平滑无毛；心皮 15~20，排列成轮状，形成半球形果实，密被星状毛及粗毛，顶端变狭为芒尖。分果瓣 15~20，成熟后变黑褐色，有粗毛，顶端 2 长芒；种子肾形，褐色。花果期 7~9 月。

生境分布

　　中生植物。广泛分布于覆土、覆沙和裸露砒砂岩侵蚀物沉积区。常见于沟道内，单株或几株散生分布，并且路边、田边等地方也有分布，既有人工栽培，也有天然生长。

058 野西瓜苗 *Hibiscus trionum* L.

锦葵科，木槿属；别名　和尚头、香玲草

形态特征

一年生草本，高 20~60 cm。茎直立或下部分枝铺散，具白色星状粗毛。叶近圆形或宽卵形，长 3~8 cm，宽 2~10 cm，掌状 3 全裂，中裂片最长，长卵形，先端钝，基部楔形，边缘具不规则的羽状缺刻，侧裂片歪卵形，基部一边有一枚较大的小裂片，有时裂达基部，上面近无毛，下面被星状毛；叶柄长 2~5 cm；托叶狭披针形。花单生于叶腋；花萼卵形，膜质，基部合生，先端 5 裂，淡绿色，有紫色脉纹，沿脉纹密生 2~3 叉状硬毛，裂片三角形，副萼片通常 11~13，条形；花瓣 5，淡黄色，基部紫红色，倒卵形；雄蕊筒紫色，无毛；子房 5 室，胚珠多数；花柱顶端 5 裂。蒴果圆球形，被长硬毛，花萼宿存；种子黑色，肾形，表面具粗糙的小突起。花期 6~9 月，果期 7~10 月。

生境分布

中生植物。在覆土、覆沙和裸露砒砂岩侵蚀物沉积区都常见，并且分布在梁峁顶和沟道内，沟坡少见。耐旱性较强，喜疏松土壤，一株或几株散生分布。

059 野葵 *Malva verticillata* L.

锦葵科，锦葵属；别名 菟葵、东苋菜

形态特征

一年生草本，高 40~100 cm。茎直立或斜升，上部具星状毛。叶近圆形或肾形，长 3~8 cm，宽 3~11 cm，掌状 5 浅裂，裂片三角形，先端圆钝，基部心形，边缘具圆钝重锯齿或锯齿，下部叶裂片有时不明显，上面通常无毛，下面疏生星状毛；下部及中部叶柄较长；托叶披针形。花多数，近无梗，簇生于叶腋，少具短梗；花萼 5 裂，裂片卵状三角形，长宽约相等，背面密被星状毛，边缘密生单毛，小苞片（副萼片）3，条状披针形；花直径约 1 cm，花瓣淡紫色或淡红色，倒卵形，长 7 mm，顶端微凹；雄蕊筒上部具倒生毛；雌蕊由 10~12 心皮组成，10~12 室，每室 1 胚珠。分果果瓣背面稍具横皱纹，侧面具辐射状皱纹，花萼宿存；种子肾形，褐色。花期 7~9 月，果期 8~10 月。

生境分布

中生植物。广泛分布于覆土、覆沙和裸露砒砂岩侵蚀物沉积区，梁峁坡和沟道内都有分布，并且在路边、田间、村舍边都常见，单株茂盛，几株成片，是一种分布比较广的植物。

060 蜀葵 *Althaea rosea* (L.) Cavan.

锦葵科，蜀葵属；别名 大熟季

形态特征

一年生草本，高 1~1.5 m。茎粗壮，直立。叶片近圆形，长 5~10 cm，宽 4~10 cm，先端圆钝，基部心形，5~7 浅裂，边缘具不规则圆锯齿，两面生星状毛；叶柄长 4~8 cm。花大，单生于叶腋，直径 6~9 cm；花萼杯状，裂片三角形，副萼（小苞片）6~7，均被星状毛；花瓣粉红色、紫色、白色、黄色、黑紫色，单瓣或重瓣，倒卵状三角形，爪有长髯毛。分果磨盘状，成熟时每心皮自中轴分离，分果瓣肾形，背面具丝沟，沿沟槽有毛，侧面具辐射状斜纹。

生境分布

中生植物。主要分布在覆土砒砂岩区，主要为人工栽培，用于道路和园林绿化及观赏。

061 狼毒 *Stellera chamaejasme* L.

瑞香科，狼毒属；别名 断肠草、小狼毒、红火柴头花、棉大戟

形态特征

多年生草本，高 20~50 cm。根粗大，木质，外皮棕褐色。茎丛生，直立，不分枝，光滑无毛。叶较密生，椭圆状披针形，长 1~3 cm，宽 2~8 mm，先端渐尖，基部钝圆或楔形，两面无毛。顶生头状花序；花萼筒细瘦，下部常为紫色，具明显纵纹，顶端 5 裂，裂片近卵圆形，长 2~3 mm，具紫红色网纹；雄蕊 10，2 轮；着生于萼喉部与萼筒中部，花丝极短；子房椭圆形，1 室，上部密被淡黄色细毛，花柱极短，近头状，子房基部一侧有长约 1 mm 的矩圆形蜜腺。小坚果卵形，长 4 mm，棕色，上半部被细毛，果皮膜质，为花萼管基部所包藏。花期 6~7 月。

生境分布

旱生植物。广泛分布于覆土、覆沙和裸露砒砂岩侵蚀物沉积区，主要分布于梁峁顶及梁峁坡，因其根粗大，耐旱性极强。通过调研，发现禾本科针茅及赖草等植物逐渐代替了狼毒，狼毒越多的地方，生态环境越恶劣。现在的砒砂岩典型区域狼毒明显变少，生态得到了显著的恢复。狼毒是一种天然生长的植物，分布极为广泛，通长单株生长。

062 胡萝卜（变种）*Daucus carota* L. var. *sativa* Hoffm.
伞形科，胡萝卜属

形态特征

二年生草本，高1m余。主根粗大，肉质，长圆锥形，橙黄色或橙红色。茎直立，节间中空，表面具纵棱与沟槽，上部分枝，被倒向或开展的硬毛。基生叶具长柄与叶鞘；叶片二至三回羽状全裂，三角状披针形或矩圆状披针形，长15~25 cm，宽11~16 cm；一回羽状4~6对，具柄，卵形；二回羽状无柄，披针形，最终裂片条形至披针形，长5~20 mm，宽1~5 mm，先端尖，具小突尖，上面常无毛，下面沿叶脉与边缘具长硬毛，叶柄与叶轴均被倒向硬毛；茎生叶与基生叶相似，但较小与简化，叶柄一部分或全部成叶鞘。复伞形花序直径5~10 cm，伞辐多数，不等长，长1~5 cm，具细纵棱，被短硬毛；总苞片多数，呈叶状、羽状分裂，裂片细长，先端具长刺尖；小伞形花序直径6~12 mm，具多数花；花梗长1~4 mm；小总苞片多数，条形，有时上部3裂，边缘白色宽膜质，先端长渐尖，萼齿不明显；花瓣白色或淡红色。果椭圆形，长3~4 mm，宽约2 mm。花期6~7月，果期7~8月。

生境分布

中生植物。分布于覆土、覆沙、裸露砒砂岩侵蚀物沉积区的沟道内，喜温湿和疏松的土壤，主要为人工栽培，是当地的一种主要蔬菜。

063 内蒙古西风芹 *Seseli intramongolicum* Y.C.Ma

伞形科，西风芹属；别名　内蒙古邪蒿

形态特征

多年生草本，高 10~40 cm。直根圆柱形，棕褐色；根茎短，圆柱形，包被老叶柄与多数纤维。茎直立，常二叉状多次分枝，淡蓝绿色，具纵细棱，光滑无毛。基生叶多数，淡蓝绿色，具长柄，柄基部具叶鞘，叶鞘卵状三角形，边缘宽膜质；叶片二回羽状全裂，卵形或卵状披针形，长 2~6 cm，宽 1~3 cm；一回羽片 2~3 对，远离，具柄；二回羽状无柄，羽状全裂或深裂；最终裂片条形，长 2~15 mm，宽 0.5~1 mm，先端锐尖，有小突尖头，边缘稍卷折，两面无毛；茎生叶较小、极简化，一回羽状全裂，叶柄全部成叶鞘；顶生叶简化成叶鞘。复伞形花序直径 1~3 cm；伞辐 2~5，长 3~12 mm，具细纵棱；无总苞片；小伞形花序直径 4~8 mm，具花 7~15 朵；花梗长 1~2.5 mm，被稀疏乳头状毛；小总苞片 7~10，下半部合生，卵状披针形，长 1~1.5 mm，先端长渐尖，边缘膜质，无毛；萼齿极小，三角形，花瓣白色，倒卵形，长约 0.7 mm，顶端具内卷小舌片，舌片近长方形；子房密被微乳头状毛；花柱基扁圆锥形。果矩圆形，长 3~3.5 mm，宽约 1.5 mm，密被微乳头状毛，果棱细条形，筒形，每棱槽中油管 1 条，合生面 2 条。花期 7~8 月，果期 8~9 月。

生境分布

旱生植物。广泛分布于覆土、覆沙和裸露砒砂岩侵蚀物沉积区。常见于梁峁坡和沟坡，耐旱性极强，对土壤要求不严格，单株或几株散生分布，植株茂盛。

064 沙茴香 *Ferula bungeana* Kitag.

伞形科，阿魏属；别名 硬阿魏、牛叫磨

形态特征

多年生草本，高 30~50 cm。直根圆柱形，淡棕黄色；根状茎圆柱形，顶部包被淡褐棕色的纤维状老叶残基。茎直立，具多数开展的分枝，表面具纵细棱，圆柱形，节间实心。基生叶多数，莲座状丛生，大形，具长叶柄与叶鞘，鞘条形，黄色；叶片质厚，坚硬，三至四回羽状全裂，三角状卵形，长与宽均为 10~20 cm；一回羽片 4~5 对，具柄，远离；二回羽片 2~4 对，具柄，远离；三回羽片羽状深裂，侧裂片常互生，远离；最终裂片倒卵形或楔形，长与宽均为 1~2 mm，上半部具（2）3 个三角状牙齿；茎中部叶 2~3 片，较小与简化；顶生叶极简化，有时只剩叶鞘。复伞形花序多数，常成轮状排列，直径 5~13 cm，果期可达 25 cm；伞辐 5~15；具细纵棱，花期长 2~6 cm，果期长达 14 cm，开展；总苞片 1~4，条状锥形，有时不存在；小伞形花序直径 1.5~3 cm，具花 5~12 朵，花梗长 5~15 mm；小总苞片 3~5，披针形或条状披针形，长 1.5~3 mm，萼齿卵形；花瓣黄色。果矩圆形，背腹压扁，长 10~13 mm，宽 4~6 mm，果棱黄色，棱槽棕褐色，每棱槽中具油管 1 条，合生面具 2 条。花期 6~7 月，果期 7~8 月。

生境分布

嗜沙旱生植物。广泛分布于覆土、覆沙和裸露砒砂岩侵蚀物沉积区，常见于梁峁顶，喜生于疏松沙质土壤，单株或几株分布生长，一般不能形成成片的优势群落，但耐旱性极强，也是砒砂岩区值得推广的一种植物。

065 达乌里龙胆 *Gentiana dahurica* Fisch.

龙胆科，龙胆属；别名 小秦艽、达乌里秦艽

形态特征

多年生草本，高 10~30 cm。直根圆柱形，深入地下，有时稍分枝，黄褐色。茎斜升，基部为纤维状的残叶基所包围。基生叶较大，条状披针形，长达 20 cm，宽达 2 cm，先端锐尖，全缘，平滑无毛，五出脉，主脉在下面明显凸起；茎生叶较小，2~3 对，条状披针形或条形，三出脉。聚伞花序顶生或腋生，花萼管状钟形，管部膜质，有时 1 侧纵裂，具 5 裂片，裂片展开，卵圆形，先端尖，褶三角形，对称，比裂片短一半，蓝色。蒴果条状倒披针形，长 2.5~3 cm，宽约 3 mm，稍扁，具极短的柄，包藏在宿存花冠内；种子多数，狭椭圆形，淡棕褐色，表面细网状。花果期 7~9 月。

生境分布

中旱生植物。广泛分布于覆土、覆沙和裸露砒砂岩侵蚀物沉积区，常见于梁峁坡，喜生于疏松沙质土和沙质黏土区，耐旱性较强，多株生长，单株矮小，生命力顽强。

066 雀瓢（变种）

Cynanchum thesioides (Freyn) K. Schum. var. *australe* (Maxim.) Tsiang et P.T. Li

萝藦科，鹅绒藤属

形态特征

多年生草本，高 15~30 cm。根细长，褐色，具横行绳状的支根。茎自基部多分枝，直立，圆柱形，密被短硬毛。叶对生，条形，长 2~5 cm，宽 2~5 mm，先端渐尖，基部楔形，全缘，上面绿色，下面淡绿色，两面被短硬毛，边缘常向下反折。伞状聚伞花序腋生，着花 3~7 朵，花梗长短不一；花萼 5 深裂；裂片披针形，外面被短硬毛，先端锐尖；花冠白色，辐状，5 深裂，裂片矩圆状披针形，长 3~3.5 mm，外面有时被短硬毛；副花冠杯状，5 深裂，裂片三角形，与合蕊柱近等长；花粉块每药室 1 个，矩圆形，下垂。蓇葖果单生，纺锤形，长 4~6 cm，先端渐尖，表面具纵细纹；种子近矩圆形，扁平，棕色，顶端种缨白色，绢状，长 1~2 cm。花期 6~7 月，果期 7~8 月。本变种与正种的区别在于：茎缠绕。

生境分布

旱生植物。广泛分布于覆土、覆沙和裸露砒砂岩侵蚀物沉积区，常见于梁峁顶和梁峁坡，耐旱性极强，常生于干旱草原，喜沙质土壤，单株或多株蔓延成片。茎喜缠绕于其他植物，一般天然生长。

067 鹅绒藤 *Cynanchum chinense* R. Br.

萝藦科，鹅绒藤属；别名　祖子花

形态特征

多年生草本藤木。根圆柱形，灰黄色。茎缠绕，多分枝。叶对生，薄纸质，宽三角状心形，长 3~7 cm，宽 3~6 cm，先端渐尖，基部心形，全缘，上面绿色，下面灰绿色，两面均被短柔毛；叶柄长 2~5 cm。伞状二歧聚伞花序，着花约 20 朵；花萼 5 深裂，裂片披针形，先端锐尖，外面被短柔毛；花冠辐状，白色，裂片条状披针形，先端钝；副花冠杯状，膜质，外轮顶端 5 浅裂，裂片三角形，裂片间具 5 条稍弯曲的丝状体，内轮具 5 条较短的丝状体，外轮丝状体与花冠近等长；花粉块每药室 1 个，椭圆形，下垂；柱头近五角形，稍突起，顶端 2 裂。蓇葖果通常 1 个发育，少双生，圆柱形，平滑无毛；种子矩圆形，压扁，黄棕色，顶端种缨长约 3 cm，白色绢状。花期 6~7 月，果期 8~9 月。

生境分布

中生植物。广泛分布于覆土、覆沙和裸露砒砂岩侵蚀物沉积区，在梁峁坡和沟道内常见，喜生于疏松和沙质土壤，多株生长，蔓延成片，形成优势群落，是砒砂岩典型区域的优势品种，既有天然生长，也有人工栽培，它利用根及茎固土，是防治沟坡泥沙流失的主要植被。

068 圆叶牵牛 *Pharbitis purpurea* (L.) Voigt

旋花科，牵牛属；别名　紫牵牛、毛牵牛、喇叭花

形态特征

　　一年生草本植物。茎缠绕，多分枝。叶互生，圆心形或宽卵状心形，长 3.5~9.5 cm，宽 3.5~8.5 cm，具掌状脉，全缘，先端尖，基部心形；叶柄长 2~6 cm。花单一，或 2~5 朵着生于花序梗顶端，呈腋生伞形聚伞花序，花序总梗与叶柄近等长，小花梗结果时上部膨大；苞片 2，条形；萼片近等长，外 3 片长椭圆形，顶端渐尖，内 2 片条状披针形；花冠漏斗状，紫色、淡红色或白色，长 4~6 cm，瓣中带于内面色深，外面色淡，先端 5 浅裂；雄蕊不等长，花丝基部被柔毛；子房 3 室，柱头头状，3 裂；花盘环状。蒴果球形；种子卵圆形，无毛。花期 7~9 月，果期 8~10 月。

生境分布

　　旱中生植物。广泛分布于覆土、覆沙和裸露砒砂岩侵蚀物沉积区，常见于砒砂岩典型区域的梁峁顶和沟道内，耐旱性比较强，喜疏松土壤，多株生长，蔓延成片，形成优势群落。在园林有栽培，可美化环境。

069 裂叶牵牛 *Pharbitis nil* (L.) Choisy
旋花科，牵牛属

形态特征

一年生缠绕草本，茎上被倒向的短柔毛。叶深或浅的 3 裂，基部圆，心形。花腋生；萼片近等长，长 2~2.5 cm，披针状线形，外面被开展的刚毛；花冠漏斗状，长 5~10 cm，蓝紫色或紫红色，花冠管色淡；雄蕊及花柱内藏，雄蕊不等长；花丝基部被柔毛；子房无毛，柱头头状。蒴果近球形，3 瓣裂。

生境分布

旱中生植物。广泛分布于覆土、覆沙和裸露砒砂岩侵蚀物沉积区，常见于梁峁坡、路边、田边或村舍旁等地方也常见，耐干旱，为栽培或逸生。

070 田旋花 *Convolvulus arvensis* L.

旋花科，旋花属；别名　箭叶旋花、中国旋花

形态特征

细弱蔓生或微缠绕的多年生草本，常形成缠结的密丛。茎有条纹及棱角，无毛或上部被疏柔毛。叶形变化很大，三角状卵形至卵状矩圆形或为狭披针形，长 2.8~7.5 cm，宽 0.4~3 cm，先端微圆，具小尖头，基部戟形、心形或箭簇形。花序腋生，有 1~3 花，花梗细弱；苞片 2，细小，条形；萼片有毛，稍不等，外萼片稍短，矩圆状椭圆形，钝；内萼片椭圆形或近于圆形，钝或微凹或多少具小短尖头；花冠宽漏斗状，直径 18~30 mm，白色或粉红色，或白色具粉红或红色的瓣中带，或粉红色具红色或白色的瓣中带；雄蕊花丝基部扩大，具小鳞毛；子房有毛。蒴果卵状球形或圆锥形，无毛。花期 6~8 月，果期 7~9 月。

生境分布

中生植物。广泛分布于覆土、覆沙和裸露砒砂岩侵蚀物沉积区，常见于梁峁坡和沟道内，喜疏松土壤，耐干旱，耐盐碱，几株或多株生长，形成优势群落，藤本植物，根与茎都有固土效果。

071 砂引草 *Messerschmidia sibirica* (L.) L.

紫草科，砂引草属；别名 紫丹草、挠挠糖

形态特征

多年生草本，茎高 8~25 cm，密被长柔毛。具细长的根状茎，常自基部分枝。叶披针形或条状倒披针形，长 0.6~2 cm，宽 1~2.5 mm，先端尖，基部渐狭，两面被密伏生的长柔毛。伞房状聚伞花序顶生，长达 4 cm，花密集，仅花序基部具一条形苞片；花萼 5 深裂，裂片披针形，密被白柔毛；花冠白色，漏斗状，花冠筒长 7 mm，5 裂，裂片卵圆形，外被密柔毛，喉部无附属物；雄蕊 5，内藏，着生于花冠筒近中部或以下，花药箭形，基部 2 裂，花丝短；子房不裂，4 室，每室具 1 胚珠，柱头浅 2 裂，其下具膨大环状物，花柱较粗。果矩圆状球形，先端平截，具纵棱，密被短柔毛。花期 5~6 月，果期 7 月。

生境分布

中旱生植物。广泛分布于覆土、覆沙和裸露砒砂岩侵蚀物沉积区，常见于梁峁坡和沟道内，喜生于疏松的沙质土，耐干旱，多株簇生在一起，主要是天然生长，人工栽培很少。

072 黄芩 *Scutellaria baicalensis* Georgi
唇形科，黄芩属；别名 黄芩茶

形态特征

多年生草本，高 20~35 cm。主根粗壮，圆锥形。茎直立或斜升，被稀疏短柔毛，分多枝。叶披针形或条状披针形，长 1.5~3.5 cm，宽 3~7 mm，先端钝或稍尖，基部圆形，全缘，上面无毛或疏被贴生的短柔毛，下面无毛或沿中脉疏被贴生微柔毛，密被下陷的腺点。花序顶生，总状，常偏一侧；苞片向上渐变小，披针形；果时花萼长达 6 mm，盾片高 4 mm；花冠紫色、紫红色或蓝色，长 2.2~3 cm，外面被具腺短柔毛，冠筒基部膝曲，里面在此处被短柔毛，上唇盔状，先端微裂，里面被短柔毛，下唇 3 裂，中裂片近圆形，两侧裂片向上唇靠拢，矩圆形；雄蕊稍伸出花冠，花丝扁平；子房 4 裂，光滑，褐色。小坚果卵圆形，径 1.5 mm，具瘤，腹部近基部具果脐。花期 7~8 月，果期 8~9 月。

生境分布

生态幅度较广的中旱生植物。广泛分布于覆土、覆沙和裸露砒砂岩侵蚀物沉积区，常见于梁峁坡顶和沟道内，根较粗且深，耐干旱，喜于疏松沙质黏土，单株生长，砒砂岩典型区域多是散生，但分布较多，是一种优良草药，可以人工栽培，也可以逸生，可以在沟道内大面积种植。

073 香青兰 *Dracocephalum moldavuca* L.
唇形科，青兰属；别名 山薄荷

形态特征

一年生草本，高 15~40 cm。茎直立，被短柔毛，钝四棱形，常在中部以下对生分枝。叶披针形至披针状条形，长 1.5~4 cm，宽 0.5~1 cm，先端钝，基部圆形或宽楔形，边缘具疏牙齿，有时基部的牙齿齿尖常具长刺，两面均被微毛及黄色小腺点。轮伞花序生于茎或分枝上部，每节通常具 4 花；苞片狭椭圆形，每侧具 3~5 齿，齿尖具长刺；花萼具金黄色腺点，密被微柔毛，常带紫色，2 裂近中部，上唇 3 裂至本身长度的 1/4~1/3 处，3 齿近等大，三角状卵形，先端锐尖成短刺，下唇 2 裂至本身基部，斜披针形，先端具短刺；花冠淡紫色至蓝紫色，长 2~2.5 cm，喉部以上宽展，外面密被白色短柔毛，冠檐二唇形，上唇短舟形，先端微凹，下唇 3 裂，中裂片 2 裂，基部有 2 个小突起；雄蕊微伸出，花丝无毛，花药平叉形；花柱无毛，先端 2 等裂。小坚果长 2.5~3 mm，矩圆形，顶端平截。

生境分布

中生植物。广泛分布于覆土、覆沙和裸露砒砂岩侵蚀物沉积区，在梁峁顶、沟坡和沟道内常见，分布较多，单株或多株散生分布，耐干旱，耐贫瘠。

074 薄荷 *Mentha haplocalyx* Briq.
唇形科，薄荷属

形态特征

多年生草本，高 30~60 cm。茎直立，具长根状茎，四棱形，被疏或密的柔毛，分枝或不分枝。叶矩圆状披针形、椭圆形、椭圆状披针形或卵状披针形，长 2~9 cm，宽 1~3.5 cm，先端渐尖或锐尖，基部楔形，边缘具锯齿或浅锯齿，叶柄长 2~15 mm。轮伞花序腋生，轮廓球形，总花梗极短；苞片条形，花梗纤细；花萼管状钟形，萼齿狭三角状钻形，外面被疏或密的微柔毛与黄色腺点；花冠淡紫色或淡红紫色，长 4~5 mm，外面略被微柔毛或长疏柔毛，里面在喉部以下被微柔毛，冠檐 4 裂，上裂片先端微凹或 2 裂，较大，其余 3 裂片近等大，矩圆形，先端钝；雄蕊 4，前对较长，伸出花冠之外或与花冠近等长；花柱略超出雄蕊，先端近相等 2 浅裂。小坚果卵球形，黄褐色。花期 7~8 月，果期 9 月。

生境分布

湿中生植物。分布于覆土、覆沙和裸露砒砂岩侵蚀物沉积区的沟道内或河滩边，喜生于潮湿土壤，多株逸生或人工栽培，形成优势群落。

075 曼陀罗 *Datura stramonium* L.

茄科，曼陀罗属；别名 耗子阎王

形态特征

一年生草本，高 1~2 m。茎粗壮，平滑，上部呈二歧分枝，下部木质化。单叶互生，宽卵形，长 8~12 cm，宽 4~10 cm，先端渐尖，基部不对称楔形，边缘有不规则波状浅裂，裂片先端短尖，有时再呈不相等的疏齿状浅裂，两面脉上及边缘均有疏生短柔毛；叶柄长 3~5 cm。花单生于茎枝分叉处或叶腋，直立；花萼筒状，有 5 棱角，长 4~5 cm；花冠漏斗状，长 6~10 cm，直径 4~5 cm；花冠管具 5 棱，下部淡绿色，上部白色或紫色，5 裂，裂片先端具短尖头；雄蕊不伸出花冠管外，花丝呈丝状，下部贴生花冠管上；雌蕊与雄蕊等长或稍长，子房卵形，不完全 4 室，花柱丝状，柱头头状而扁。蒴果直立，卵形，长 3~4.5 cm，直径 2.5~4.5 cm，表面具有不等长的坚硬针刺，通常上部者较长或有时仅粗糙而无针刺，成熟时自顶端向下成规则的 4 瓣裂，基部具五角形膨大的宿存萼，向下反卷；种子近卵圆形而稍扁。花期 7~9 月，果期 8~10 月。

生境分布

中生植物。广泛分布于覆土、覆沙和裸露砒砂岩侵蚀物沉积区，在梁峁顶和沟道内常见，沟坡少见。单株散生高大，伴生植物一般是禾本科，在路边、田间等地方也常见。

076 **番茄** *Lycopersicon esculentum* Mill.

茄科，番茄属；别名 西红柿、洋柿子

形态特征

一年生草本，高 0.6~1.5 m。茎成长后不能直立，而易倒伏（栽培时需搭架），全体被柔毛或黏质腺毛，有强烈气味。叶为羽状复叶，小叶大小不等，常 5~9 枚，卵形或矩圆形，长 7~12 cm，宽 2~5 cm，顶端渐尖或钝，基部两侧不对称；叶柄长 2~3 cm。花 3~7 朵成聚伞花序，腋外生；花萼裂片 5~7，条状披针形；花冠黄色，5~7 深裂。浆果扁球状或近球形，肉质而多汁液，成熟后成红色或黄色。

生境分布

中生植物。分布于覆土砒砂岩区的沟道内，喜欢潮湿土壤，适生于农田、水浇地，可以大面积人工栽培，是当地人们必不可少的一种美味蔬菜。

077 辣椒（变种） *Capsicum annuum* L.

茄科，辣椒属；别名　菜椒、灯笼椒

形态特征

一年生草本，高 40~80 cm。单叶互生，卵形、矩圆状卵形或卵状披针形，长 3~13 cm，宽 1.5~4 cm，先端渐尖，基部狭楔形，全缘；叶柄长 4~7 cm。花单生于叶腋，花梗俯垂；花萼杯状，有 5~7 浅裂；花冠白色，裂片 5~7；雄蕊着生于花冠管的近基部，花药灰紫色，纵裂。果梗较粗壮，俯垂；果实大型、近球状、圆柱状或扁球状，多纵沟，顶端截形或稍内陷，基部截形且常稍向内凹入，味不辣而略带甜或稍带椒味。

生境分布

中生植物。分布于覆土、覆沙砒砂岩区的沟道内，喜生于潮湿的沙质土壤，以人工栽培为主，是蔬菜的一种。

078 龙葵 *Solanum nigrum* L.
茄科，茄属；别名 天茄子

形态特征

一年生草本，高 0.2~1 m。茎直立，多分枝，叶卵形，长 2.5~10 cm，宽 1.5~5 cm，有不规则的波状粗齿或全缘，两面光滑或有疏短柔毛；叶柄长 1~4 cm。花序短蝎尾状，腋外生，下垂，有花 4~10 朵，总花梗长 1~2.5 cm；花萼杯状；花冠白色，辐状，裂片卵状三角形，长约 3 mm；子房卵形，花柱中部以下有白色绒毛。浆果球形，直径约 8 mm，熟时黑色；种子近卵形，压扁状。花期 7~9 月，果期 8~10 月。

生境分布

中生植物。常见于覆土、覆沙和裸露砒砂岩侵蚀物沉积区的沟道内，在路边、村舍旁等地方也可见，单株或几株零星分布。

079 马铃薯 *Solanum tuberosum* L.

茄科，茄属；别名　土豆、山药蛋、洋芋

形态特征

　　一年生草本，高 60~90 cm，无毛或有疏柔毛。地下茎块状，扁球形或矩圆状。单数羽状复叶，小叶 6~8 对，常大小相同，卵形或矩圆形，最大者长约 6 cm，最小的长宽均不及 1 cm，基部稍不等，两面有疏柔毛。伞房花序顶生；花萼外面有疏柔毛；花冠白色或带蓝紫色，直径 2.5~3 cm，5 浅裂；子房卵圆形。浆果圆球形，绿色，光滑，直径 1.5~2 cm。

生境分布

　　中生植物。分布于覆土、覆沙和裸露砒砂岩侵蚀物沉积区的沟道内，喜生于沙质土壤，比较耐旱，主要为人工大面积栽培，是砒砂岩区广泛种植的薯类作物，也是一种主要的经济作物。

080 茄 *Solanum melongena* L.
茄科，茄属

形态特征

一年生草本，高 60~90 cm。小枝多为紫色，幼枝、叶、花梗及花萼均被星状绒毛，渐老则毛逐渐脱落。叶卵形至矩圆状卵形，长 8~18 cm，宽 5~10 cm，顶端渐尖或钝圆，基部偏斜，边缘浅波状或深波状圆裂；叶柄长 1.5~4.5 cm。能孕花单生，花梗花后下垂；不孕花生于蝎尾状花序上，与能孕花并出；花萼近钟形，有小皮刺，裂片披针形，先端锐尖；花冠紫色，直径 2.5~3.5 cm，裂片三角形；雄蕊着生于花冠筒喉部，花药长约 7.5 mm；子房圆形。浆果较大，圆形或圆柱形，紫色、淡绿色或白色，萼宿存。

生境分布

中生植物。分布于覆土砒砂岩区的沟道内，适生于农田，喜温湿环境，不耐旱，是当地人们普遍栽培的一种蔬菜。

081 列当 *Orobanche coerulescens* Stephan ex Willd.

列当科，列当属；别名 兔子拐草、独根草

形态特征

二年生或多年生草本，高10~35 cm，全株被蛛丝状绵毛。茎不分枝，圆柱形，黄褐色，基部常膨大。叶鳞片状，卵状披针形，长8~15 mm，宽2~6 mm，黄褐色。穗状花序顶生，长5~10 cm；苞片卵状披针形，先端尾尖，稍短于花，棕褐色；花萼2深裂至基部，每裂片2浅尖裂；花冠2唇形，蓝紫色或淡紫色，稀淡黄色，长约2 cm；管部稍向前弯曲，上唇宽阔，顶部微凹，下唇3裂，中裂片较大；雄蕊着生于花冠管的中部，花药无毛，花丝基部常具长柔毛。蒴果卵状椭圆形，长约1 cm；种子黑褐色。花期6~8月，果期8~9月。

生境分布

根寄生中旱生植物。常见于覆土、覆沙砒砂岩的过渡区或覆沙区，喜生于沙质土壤，耐干旱，耐贫瘠，常寄生在蒿属植物的根上，常见的寄主有：冷蒿、白莲蒿、南牡蒿、龙蒿等。并在沟坡上也比较常见，一株蒿通常寄生三至五株，是一种比较珍贵的草药。

082 黄花列当 *Orobanche pycnostachya* Hance

列当科，列当属；别名 独根草

形态特征

二年生或多年生草本，高 12~34 cm，全株密被腺毛。茎直立，单一，圆柱形，具纵棱，基部常膨大，具不定根，黄褐色。叶鳞片状，卵状披针形或条状披针形，长 10~20 mm，黄褐色，先端尾尖。穗状花序顶生，长 4~18 cm，具多数花；苞片卵状披针形，先端尾尖，黄褐色，密被腺毛；花萼 2 深裂达基部，每裂片再 2 中裂，小裂片条形，黄褐色，密被腺毛；花冠 2 唇形，黄色，长约 2 cm，花冠筒中部稍弯曲，密被腺毛，上唇 2 浅裂，下唇 3 浅裂，中裂片较大；雄蕊 2~4，花药被柔毛，花丝基部稍被腺毛；子房矩圆形，无毛，花柱细长，被疏细腺毛。蒴果矩圆形，包藏在花被内；种子褐黑色，扁球形或扁椭圆形。花期 6~7 月，果期 7~8 月。

生境分布

中旱生根寄生植物。通常分布于覆沙砒砂岩区，少见于覆土砒砂岩区的梁峁坡或沟道，一般寄主为蒿属植物，主要有黑沙蒿、白莲蒿等。多数喜生于沙土，在沙质黏土上也有分布。和列当的生境分布相似，一株蒿上可能寄生列当和黄花列当两种。

083 疗齿草 *Odontites serotina*(Lam.) Dumort.

玄参科，疗齿草属；别名 齿叶草

形态特征

一年生草本，高 10~40 cm，全株被贴伏而倒生的白色细硬毛。茎上部四棱形，常在中上部分枝。叶有时上部的互生，披针形至条状披针形，长 1~3 cm，宽达 5 mm，先端渐尖，边缘疏生锯齿。总状花序顶生；苞叶叶状；花梗极短；花萼极短；花萼钟状，长 4~7 mm，4 等裂，裂片狭三角形，被细硬毛；花冠紫红色，长 8~10 mm，外面被白色柔毛，上唇直立，略呈盔状，先端微凹或 2 浅裂，下唇开展，3 裂，裂片倒卵形，中裂片先端微凹，两侧裂片全缘；雄蕊与上唇略等长，花药箭形，药室下面延成短芒。蒴果矩圆形，长 5~7 mm，宽 2~3 mm，略扁，顶端微凹，扁侧面各有 1 条纵沟；被细硬毛；种子多数，卵形，褐色，有数条纵的狭翅。花期 7~8 月，果期 8~9 月。

生境分布

广幅中生植物。分布于覆土、覆沙和裸露砒砂岩侵蚀物沉积区的沟道内，喜潮湿土壤，生于低湿草甸及水边，多株生长，形成优势群落。

084 达乌里芯芭 *Cymbaria dahurica* L.

玄参科，芯芭属；别名　芯芭、大黄花、白蒿茶

形态特征

多年生草本，高 4~20 cm，全株密被白色绵毛而呈银灰白色。根茎垂直或稍倾斜向下，多少弯曲，向上成多头。叶披针形、条状披针形或条形，长 7~20 mm，宽 1~3.5 mm，先端具 1 小刺尖头，白色绵毛尤以下面更密。小苞片条形或披针形，全缘或具 1~2 小齿，通常与萼管基部紧贴；萼筒长 5~10 mm，通常有脉 11 条，萼齿 5，钻形或条形，长为萼筒的 2 倍左右，齿间常生有 1~2 枚附加小齿；花冠黄色，长 3~4.5 cm，2 唇形，外面被白色柔毛，下唇 3 裂，较上唇长，在其二裂口后面有褶襞两条，中裂片较侧裂片略长，裂片长椭圆形，先端钝；雄蕊微露于花冠喉部，着生于花冠管内里靠近子房的上部处，花丝基部被毛，花药长倒卵形，纵裂，长约 4 mm，顶端钝圆；子房倒卵形，花柱细长，自上唇先端下方伸出，弯向前方，柱头头状。蒴果革质，长卵圆形；种子卵形。花期 6~8 月，果期 7~9 月。

生境分布

旱生植物。广泛分布于覆土、覆沙和裸露砒砂岩侵蚀物沉积区，常见于梁峁坡，耐旱性极强，对土壤环境基本没有要求，在沙质土壤分布更多，大面积天然生长，很少人工栽培，植株较小，生命力顽强，是砒砂岩区的优良品种，可以考虑人工栽培。

085 蒙古芯芭 *Cymbaria mongolica Maxim*

玄参科，芯芭属；别名　光药大黄花

形态特征

多年生草本，高 5~8 cm，全株密被短柔毛，有时毛稍长，带绿色，根茎垂直向下，顶端常多头。茎数条，丛生，常弯曲而后斜升。叶对生或在茎上部近于互生，矩圆状披针形至条状披针形，长 10~17 mm，宽 1~4 mm。小苞片全缘或有 1~2 小齿；萼筒长约 7 mm，有脉棱 11 条，萼齿 5，条形或钻状条形，长为萼筒的 2~3 倍，齿间具 1~2 偶有 3 长短不等的条状小齿，有时甚小或无；花冠黄色，长 25~35 mm，外面被短细毛，2 唇形，上唇略呈盔状，下唇 3 裂片近于相等，倒卵形；花丝着生于花冠管内里近基处，花丝基部被柔毛，花药外露，通常顶部无毛或偶有少量长柔毛，倒卵形，长约 3 mm，子房卵形，花柱细长，于上唇下端弯向前方。蒴果革质，长卵圆形，长约 10 mm；种子长卵形，扁平，有密的小网眼。花期 5~8 月。

生境分布

旱生植物。覆沙砒砂岩区广泛分布，常见于沙质或沙砾质地，耐旱性极强，多株生长形成优势群落。

086 地黄 *Rehmannia glutinosa* (Gaertn.) Libosch. ex Fisch. & C. A. Mey.

玄参科，地黄属

形态特征

多年生草本，高 10~30 cm，全株密被白色或淡紫褐色长柔毛及腺毛。根状茎先直下然后横走，细长条状，弯曲。茎单一或基部分生数枝，紫红色。叶通常基生，呈莲座状，倒卵形至长椭圆形，长 1.5~13 cm，宽 1~4.5 cm，先端钝，基部渐狭成长叶柄，边缘具不整齐的钝齿至牙齿，叶面多皱，上面绿色，下面通常淡紫色，被白色长柔毛或腺毛。总状花序顶生，苞片叶状，花多少下垂；花萼钟状或坛状，长约 1 cm，萼齿 5，矩圆状披针形、卵状披针形或多少三角形，花冠筒状而微弯，长 3~4 cm，外面紫红色，内里黄色有紫斑，两面均被长柔毛，下部渐狭，顶部 2 唇形，上唇 2 裂反折，下唇 3 裂片伸直，顶端钝或微凹；雄蕊着生于花冠筒的近基部；花柱细长，柱头 2 裂。蒴果卵形，长约 1.6 cm，宽约 1 cm，被短毛，先端具喙，室背开裂；种子多数，卵形、卵球形或矩圆形，黑褐色，表面具蜂窝状膜质网眼。花期 5~6 月，果期 7 月。

生境分布

旱中生植物。在覆土、覆沙和裸露砒砂岩侵蚀物沉积区的沟道内分布，耐旱性较强，一株或几株零星分布，植株比较大，生长茂盛。也有人工栽培，用来园林绿化。

087 角蒿 *Incarvillea sinensis* Lam.

紫葳科，角蒿属；别名　透骨草

形态特征

一年生草本，高 30~80 cm。茎直立，具黄色细条纹，被微毛。叶互生于分枝上，对生于基部，轮廓为菱形或长椭圆形，2~3 回羽状深裂或至全裂，羽片 4~7 对，下部的羽片再分裂成 2 对或 3 对，最终裂片为条形或条状披针形，上面绿色，被毛或无毛，下面淡绿色，被毛，边缘具短毛；叶柄长 1.5~3 cm，疏被短毛。花红色或紫红色，由 4~18 朵组成顶生总状花序，花梗短，密被短毛，苞片 1 和小苞片 2，密被短毛，丝状；花萼钟状，5 裂，裂片条状锥形，长 2~3 mm，基部膨大，被毛，萼筒长约 3.2 mm，被毛；花冠筒状漏斗形，长约 3 cm，先端 5 裂，裂片矩圆形，长与宽约 7 mm，里面有黄色斑点；雄蕊 4，着生于花冠中部以下，花丝长约 8 mm，无毛，花药 2 室，室水平叉开，被短毛，长约 4.5 mm，近药基部及室的两侧，各具 1 硬毛；雄蕊着生于扁平的花盘上，长 6 mm，密被腺毛，花柱长 1 cm，无毛，柱头扁圆形。蒴果长角状弯曲，长约 10 cm，先端细尖，熟时瓣裂，内含多数种子；种子褐色，具翅，白色膜质。花期 6~8 月，果期 7~9 月。

生境分布

中生植物。广泛分布于覆土、覆沙和裸露砒砂岩的梁峁坡，沟道和河滩内少见，较喜欢沙质的土壤，耐干旱，耐贫瘠，单株散生或形成群落，是砒砂岩典型区域的一种优势植被，可以考虑人工栽培。

088 平车前 *Plantago depressa* Willd

车前科，车前属；别名　车前草、车轱辘菜、车串串

形态特征

一年或二年生草本。根圆柱状，中部以下多分枝，灰褐色或黑褐色。叶基生，直立或平铺，椭圆形、矩圆形、椭圆状披针形、倒披针形或披针形，长 4~14 cm，宽 1~5.5 cm，先端锐尖或钝尖，基部狭楔形且下延，边缘有稀疏小齿或不规则锯齿，有时全缘，两面被短柔毛或无毛，弧形纵脉 5~7 条；叶柄基部具较长且宽的叶鞘。花葶 1~10，直立或斜升，高 4~40 cm，被疏短柔毛；穗状花序圆柱形，长 2~18 cm；苞片三角状卵形，背部具绿色龙骨状突起，边缘膜质；萼裂片椭圆形或矩圆形，先端钝尖，龙骨状突起宽，绿色，边缘宽膜质；花冠裂片卵形或三角形，先端锐尖，有时有细齿。蒴果圆锥形，褐黄色，长 2~3 mm，成熟时盖裂；种子矩圆形，长 1.5~2 mm，黑棕色，光滑。花果期 6~10 月。

生境分布

中生植物。在覆土、覆沙和裸露砒砂岩侵蚀物沉积区均有分布。在梁峁坡和沟道内生长较多，常见于田间、路边、杂草丛或者低洼滩地，自然生长较广，是砒砂岩区一种常见草本植物，作为一种药材也可以进行适量栽培种植。

089 盐生车前（变种）*Plantago maritima L.subsp. ciliata Printz*

车前科，车前属

形态特征

多年生草本，高 5~30 cm。根粗壮，灰褐色或黑棕色，根颈处通常有分枝，并有残余叶片和叶鞘。叶基生，多数，直立或平铺地面，条形或狭条形，长 5~20 cm，宽 1.5~4 mm，先端渐尖，全缘，基部具宽三角形叶鞘，黄褐色，无毛，有时被长柔毛。花葶少数，直立或斜升，长 5~30 cm，密被短伏毛；穗状花序圆柱形，长 1.5~7 cm，有多数花，上部较密，下部较疏；苞片卵形或三角形，先端渐尖，边缘有疏短睫毛，具龙骨状突起；花萼裂片椭圆形，被短柔毛，边缘膜质，有睫毛，龙骨状突起较宽；花冠裂片卵形或矩圆形，先端具锐尖头，中央及基部呈黄褐色，边缘膜质，白色，有睫毛。蒴果圆锥形，长 2.5~3 mm，在中下部盖裂；种子 2，矩圆形，黑棕色。花期 6~8 月，果期 7~9 月。

生境分布

中生植物。在覆土、覆沙和裸露砒砂岩侵蚀物沉积区均有分布，常见于沟道等低洼处，在田间、路边也有生长，耐寒、耐盐碱，是砒砂岩区常见植物。

090 茜草 *Rubia cordifolia* L.

茜草科，茜草属；别名 红丝线，粘粘草

形态特征

多年生攀缘草本。根紫红色或橙红色。茎粗糙，基部稍木质化；小枝四棱形，棱上具倒生小刺。叶4~6（8）片轮生，卵状披针形或卵形，长1~6 cm，宽6~25 mm，先端渐尖，基部心形或圆形，全缘，边缘具倒生小刺，上面粗糙或疏被短硬毛，下面疏被刺状糙毛，脉上有倒生小刺，基出脉3~5条；叶柄沿棱具倒生小刺。聚伞花序顶生或腋生，通常组成大而疏松的圆锥花序；小苞片披针形；花小，黄白色；花萼筒近球形；花冠辐状，长约2 mm，筒部极短，檐部5裂，裂片长圆状披针形，先端渐尖；雄蕊5，着生于花冠筒喉部，花丝极短，花药椭圆形；花柱2深裂，柱头头状。果实近球形，径4~5 mm，橙红色，熟时不变黑，内有1粒种子。花期7月，果期9月。

生境分布

中生植物。在覆土、覆沙和裸露砒砂岩侵蚀物沉积区均有分布，多见于沟道内，生于山地杂木林下、林缘、路旁草丛、沟谷草甸及河边。喜阴湿环境，常与其他植物共生，依靠攀缘作用搭覆其他植被，形成较大郁闭面积，属于砒砂岩区常见物种。

091 南瓜 *Cucurbita moschata* (Duchesne ex Lam.) Duchesne ex Poir.

葫芦科，南瓜属；别名　倭瓜、番瓜、中国南瓜

形态特征

一年生蔓生草本。茎很长，粗壮，有棱沟，常在节部生根，被短刚毛，卷须3~4分叉。单叶互生，宽卵形或心形，5浅裂或有5角，长15~30 cm，先端锐尖，基部裂口狭，非圆形，沿边缘及叶脉常有白色斑点或斑纹，边缘有不规则的锯齿；露面密被稍硬的短茸毛，叶柄较长，粗壮，被短刚毛。雄花花托管短或几乎缺，花萼5裂，裂片条形，顶端常扩大成叶状，先端锐尖；花冠宽钟状，黄色，5中裂，裂片先端尾尖，稍反卷，边缘皱曲；雄蕊5，花药靠合，呈棒状，深橙红色，药室"S"形折曲；雌花花萼5裂，裂片显著叶状，子房圆形或椭圆形，1室，花柱短，柱头3，膨大，2裂，深橙红色，胚珠多数。瓠果扁球形、壶形、葫芦形或圆柱状而腰部稍缢细，先端多凹入，初绿色，后变黄橙色而带红色或绿色，因品种不同还有其他颜色，表面有纵沟和隆起，光滑或有瘤状突起，成熟果有白霜，有香气；果柄上有5条棱和槽，与果实接触处扩大成蹼掌状；种子卵形或椭圆形，灰白色或黄白色，扁而较薄，边缘明显，粗糙而厚，色略浓。花期5~7月，果期7~9月。

生境分布

中生植物。在覆土、覆沙和裸露砒砂岩侵蚀物沉积区均由人工栽种，多见于沟道等疏松沙地以及田间、村边等土壤肥沃、土质疏松的地方。

092 **西瓜** *Citrullus lanatus* (Thunb.) Matsum. & Nakai
葫芦科，西瓜属；别名 寒瓜

形态特征

　　一年生蔓生草本，全株被长柔毛。茎细长，多分枝，卷须分2叉。单叶互生，叶片宽卵形至卵状长椭圆形，长 8~20 cm，宽 5~15 cm，3~5 深裂，裂片又呈羽状或二回羽状浅裂或深裂，灰绿色，小裂片倒卵形或椭圆状披针形，先端钝圆或短尖，两面被短柔毛；叶柄长 6~12 cm，被长柔毛。花托宽钟状；花萼裂片条状披针形，被长柔毛；花冠辐状，淡黄色，5 深裂，裂片卵状矩圆形，外被长柔毛；子房卵状或圆形，密被长柔毛，柱头3，肾形。果实球形或椭圆形，通常直径 30 cm 左右，有长至 50 cm 以上者，表面平滑，绿色或淡绿色而有深绿色各种条纹，也有纯黄白色而带浅绿色者，果肉厚而多汁，红色、黄色或白色，味甜；种子卵形，黑色、黄色、白色或淡黄色。花期 6~7 月，果期 8~9 月。

生境分布

　　中生植物。在覆土、覆沙和裸露砒砂岩侵蚀物沉积区均有人工栽培。适宜在梁峁坡生长，沟道内也有一定分布，喜疏松砂石土地。

093 阿尔泰狗娃花 *Heteropappus altaicus*(Willd.)Novopokr.

菊科，狗娃花属；别名　阿尔泰紫菀

形态特征

多年生草本，高 5~40 cm，全株被弯曲短硬毛和腺点。根多分枝，黄色或黄褐色。茎多由基部分枝、斜升，也有茎单一而不分枝或由上部分枝者。叶疏生或密生，条形、条状矩圆形、披针形、倒披针形或近匙形，长 0.5~5 cm，宽 1~4 mm，先端钝或锐尖，基部渐狭，无叶柄，全缘，上部叶渐小。头状花序直径 1~3.5 cm，单生于枝顶或排成伞房状；总苞片草质，边缘膜质，条形或条状披针形，先端渐尖，外层者长 3~5 mm，内层者长 5~6 mm；舌状花淡蓝紫色，长 5~15 mm，宽 1~2 mm，管状花长约 6 mm。瘦果矩圆状倒卵形，长 2~3 mm，被绢毛；冠毛污白色或红褐色，为不等长的糙毛状，长达 4 mm。花果期 7~10 月。

生境分布

中旱生植物。主要分布于覆土和裸露砒砂岩侵蚀物沉积区，尤其在覆土区常形成群落优势，多见于梁峁坡。是覆土和裸露砒砂岩侵蚀物沉积区适应性极强的一种菊科植物，也是一种很好的水土保持植被，适宜进行大面积人工种植。

094 多叶阿尔泰狗娃花（变种）

Heteropappus altaicus (Willd.) Novopokr.var.*millefolius* (Vant.) Wang

菊科，狗娃花属

形态特征

植株绿色。茎斜升或直立，高 20 ~ 60 cm，被上曲的短贴毛，从基部分枝，上部有少数分枝，头状花序单生于枝端；叶条状披针形或匙形，长 3 ~ 7 (10) cm，宽 0.2 ~ 0.7 cm，开展；总苞径 0.5 ~ 1.5 cm，总苞片外层草质或边缘狭膜质，内层边缘宽膜质，被腺点及毛。

本变种与正种区别：茎在中部以上多具近等长的分枝；叶密生，狭条状披针形。

生境分布

与正种差别不大。

095 火烙草 *Echinops przewalskii* Iljin
菊科，蓝刺头属

形态特征

多年生草本，高 30~40 cm。根粗壮，木质。茎直立，密被白色绵毛，不分枝或有分枝。叶革质，茎下部及中部长椭圆形、长椭圆状披针形或长倒披针形，二回羽状深裂，一回裂片卵形，常呈皱波状扭曲，全部具不规则缺刻状小裂片及具短刺的小齿，在裂片边缘尚有小刺，刺黄色，粗硬，刺长 5~8 mm；上面黄绿色，疏被蛛丝状毛，下面密被灰白色绵毛，叶脉突起，叶柄较短，边缘有短刺，上部叶变小，椭圆形，羽状分裂，无柄。复头状花序单生枝端，直径 5~5.5 cm，蓝色；头状花序长约 25 mm，基毛多数，白色，扁毛状，不等长，比复头状花序短 2 倍或更短；总苞长约 20 mm，总苞片 18~20 片，外层者较短而细，基部条形，先端匙形而具小尖头，边缘有少数长睫毛，中层者矩圆形或条状菱形，先端细尖，边缘膜质，内层者长椭圆形，基部稍狭；花冠长 15~16 mm，白色，花冠裂片条形，蓝色。瘦果圆柱形，密被黄褐色柔毛；冠毛长约 1 mm，宽鳞片状，由中部连合，黄色。

生境分布

中旱生植物。主要分布于覆土和裸露砒砂岩侵蚀物沉积区，常见于梁峁坡。以单株散生为主，根茎粗大，抗旱能力强，排他性强，是一种适应性极强的植物。

096 砂蓝刺头 *Echinops gmelini* Turcz.

菊科，蓝刺头属；别名　刺头、火绒草

形态特征

一年生草本，高 15~40 cm。茎直立，白色或淡黄色，无毛或疏被腺毛或腺点，不分枝或有分枝。叶条形或条状披针形，长 1~6 cm，宽 3~10 mm，先端锐尖或渐尖，基部半抱茎，无柄，边缘有具白色硬刺的牙齿，两面均为淡黄绿色，有腺点，或被极疏的蛛丝状毛、短柔毛，或无毛无腺点，上部叶有腺毛，下部叶密被腺毛。复头状花序单生于枝端，直径 1~3 cm，白色或淡蓝色；头状花序长约 15 mm，基毛多数，污白色，不等长，糙毛状，长约 9 mm；外层总苞片较短，条状倒披针形，先端尖，中层者较长，长椭圆形，先端渐尖成芒刺状，内层者长矩圆形，先端芒裂，基部深褐色，背部被蛛丝状长毛；花冠管部长约 3 mm，白色，有毛和腺点，花冠裂片条形，淡蓝色。瘦果倒圆锥形，长约 6 mm，密被贴伏的棕黄色长毛；冠毛长约 1 mm，下部连合。花期 6 月，果期 8~9 月。

生境分布

旱生植物。主要分布于覆土和裸露砒砂岩侵蚀物沉积区，常见于固定沙地、沙质撂荒地、居民点及畜群点周围，是砒砂岩区分布较为广泛的一种植物。

097 驴欺口 *Echinops latifolius* Tausch.

菊科，蓝刺头属；别名　单州漏芦、火绒草、蓝刺头

形态特征

多年生草本，高 30~70 cm。根粗壮，褐色。茎直立，上部密被白色蛛丝状绵毛，不分枝或有分枝。茎下与中部叶二回羽状深裂，一回裂片卵形或披针形，先端锐尖或渐尖，具刺尖头，有缺刻状小裂片，全部边缘具不规则刺齿或三角形刺齿，上面绿色，无毛或疏被蛛丝状毛，并有腺点，下面密被白色绵毛，有长柄或短柄，茎上部叶渐小，长椭圆形至卵形，羽状分裂，基部抱茎。复头状花序单生于茎顶或枝端，直径约 4 cm，蓝色；头状花序长约 2 cm，基毛多数，白色，扁毛状，不等长，长 6~8 mm，外层总苞片较短，条形，上部菱形扩大，淡蓝色，先端锐尖，中层者较长，菱状披针形，自最宽处向上渐尖成芒刺状，淡蓝色，内层者长椭圆形或条形，先端芒裂；花冠管部长 5~6 mm，白色，有腺点，花冠裂片条形，淡蓝色，长约 8 mm。瘦果圆柱形，长约 6 mm，密被黄褐色柔毛；冠毛长约 1 mm，中下部连合。花期 6 月，果期 7~8 月。

生境分布

嗜砾质的中旱生植物。在覆土、覆沙和裸露砒砂岩侵蚀物沉积区均有分布。常见于梁峁坡，生于丘陵坡地，见于线叶菊草原及山地林缘草甸。

098 碱蒿 *Artemisia anethifolia* Weber ex Stechm.

菊科，蒿属；别名 大莳萝蒿、糜糜蒿

形态特征

一年或二年生草本，高 10~40 cm，植株有浓烈的香气。根垂直，狭纺锤形。茎单生，直立，具纵条棱，常带红褐色，多由下部分枝，开展，茎、枝初时被短柔毛，后脱落无毛。基生叶椭圆形或长卵形，二至三回羽状全裂，侧裂片 3~4 对，小裂片狭条形，先端钝尖，叶柄长 2~4 cm，花期渐枯萎；中部叶卵形、宽卵形或椭圆状卵形，长 2.5~3 cm，宽 1~2 cm，一至二回羽状全裂，侧裂片 3~4 对，裂片或小裂片狭条形，长 5~12 mm，宽 0.5~1.5 mm，叶初时被短柔毛，后渐稀疏；上部叶与苞叶无柄，5 或 3 全裂或不分裂，狭条形。头状花序半球形或宽卵形，直径 2~3（4）mm，具短柄，下垂或倾斜，有小苞叶，多数在茎上排列成疏散而开展的圆锥状；总苞片 3~4 层，外、中层的椭圆形或披针形，背部疏被白色短柔毛或近无毛，有绿色中肋，边缘膜质，内层卵形，近膜质，背部无毛；边缘雌花 3~6 枚，花冠狭管状，中央两性花 18~28 枚，花冠管状；花序托突起，半球形，有白色托毛。瘦果椭圆形或倒卵形。花果期 8~10 月。

生境分布

中旱生植物。在覆土、覆沙和裸露砒砂岩侵蚀物沉积区均有分布，在覆沙区分布广泛。常见于梁峁坡，对立地条件要求不严，适应性强。

099 艾 *Artemisia argyi* H. Lév. & Vaniot

菊科，蒿属；别名 艾蒿、家艾

形态特征

多年生草本，高 30~100 cm，植株有浓烈香气。主根粗长，侧根多；根状茎横卧，有营养枝。茎单生或少数，具纵条棱，褐色或灰黄褐色，基部稍木质化，有少数分枝；茎、枝密被灰白色蛛丝状毛。叶厚纸质，基生叶花期枯萎；茎下部叶近圆形或宽卵形，羽状深裂，侧裂片 2~3 对，椭圆形或倒卵状长椭圆形，每裂片有 2~3 个小裂齿，叶柄长 5~8 mm，中部叶卵形，三角状卵形或近菱形，长 5~9 cm，宽 4~7 cm，一至二回羽状深裂至半裂，侧裂片 2~3 对，卵形、卵状披针形或披针形，长 2.5~5 cm，宽 1.5~2 cm，不再分裂或每侧有 1~2 个缺齿，叶基部宽楔形渐狭成短柄，叶柄长 2~5 mm，基部有极小的假托叶或无，叶上面被灰白色短柔毛，密被白色腺点，下面密被灰白色或灰黄色蛛丝状绒毛，上部叶与苞叶羽状半裂、浅裂、3 深裂或 3 浅裂，或不分裂而为披针形或条状披针形。头状花序椭圆形，直径 2.5~3 mm，无梗或近无梗，花后下倾，多数在茎上排列成狭窄、尖塔形的圆锥状；总苞片 3~4 层，外、中层的卵形或狭卵形，背部密被蛛丝状绵毛，边缘膜质，内层的质薄，背部近无毛；边缘雌花 6~10 枚，花冠狭管状，中央两性花 8~12 枚，花冠管状或高脚杯状，檐部紫色；花序托小。瘦果矩圆形或长卵形。花果期 7~10 月。

生境分布

中旱生植物。主要分布于覆土和裸露砒砂岩侵蚀物沉积区。在沟道内有大量分布，在梁峁坡和沟坡也有部分分布。在砒砂岩区适生性强，可根蘖繁殖，常形成优势群落。

100 南牡蒿 *Artemisia eriopoda* Bunge

菊科，蒿属；别名 黄蒿

形态特征

多年生草本，高 30~70 cm。主根明显，粗短；根状茎肥厚，常呈短圆柱状，直立或斜向上，常有短营养枝。茎直立，单生或少数，绿褐色或带紫褐色，基部密被短柔毛，多分枝。叶纸质，基生叶与茎下部叶具长柄，叶片近圆形、宽卵形或倒卵形，长 4~5 cm，宽 2~6 cm，一至二回大头羽状深裂或全裂或不分裂，仅边缘具数个锯齿，分裂叶有侧裂片 2~3 对，裂片倒卵形、近匙形或宽楔形，先端至边缘具规则或不规则的深裂片或浅裂片，并有锯齿，叶基部渐狭，楔形，叶上面无毛，下面疏被柔毛或近无毛，中部叶近圆形或宽卵形，长、宽 2~4 cm，一至二回羽状深裂或全裂，侧裂片 2~3 对，裂片椭圆形或近匙形，先端具 3 深裂或浅裂齿或全缘，叶基部宽楔形，基部有条形裂片状的假托叶，上部叶渐小，卵形或长卵形，羽状全裂，侧裂片 2~3 对，裂片椭圆形，先端常有 3 个浅裂齿；苞叶 3 深裂或不分裂，裂片或不分裂的苞叶条状披针形以至条形。头状花序宽卵形或近球形，直径 1.5~2 mm，无梗或具短梗，具条形小苞片，多数在茎上排列成开展稍大型的圆锥状；总苞片 3~4 层，外、中层的卵形或长卵形，背部绿色或稍带紫褐色，边缘膜质，内层的长卵形，半膜质；边缘雌花 3~8 枚，花冠狭圆锥状，中央两性花 5~11 枚，花冠管状；花序托突起。瘦果矩圆形。花果期 7~10 月。

生境分布

中旱生植物。在覆土、覆沙和裸露砒砂岩侵蚀物沉积区均有分布。常见于梁峁坡。以单株散生为主，在路边、田间、杂草丛中多有分布。

101 白莲蒿（铁杆蒿） *Artemisia sacrorum* Ledeb.

菊科，蒿属；别名　万年蒿、铁杆蒿

形态特征

半灌木状草本，高 50~100 cm。根稍粗大，木质，垂直；根状茎粗壮，常有多数营养枝；茎多数，常成小丛，紫褐色或灰褐色，具纵条棱，下部木质，皮常剥裂或脱落，多分枝；茎、枝初时被短柔毛，后下部脱落无毛。茎下部叶与中部叶长卵形、三角状卵形或长椭圆状卵形，长 2~10 cm，宽 3~8 cm，二至三回栉齿状羽状分裂，第一回全裂，侧裂片 3~5 对，椭圆形或长椭圆形，小裂片栉齿状披针形或条状披针形，具三角形栉齿或全缘，叶中轴两侧有栉齿，叶上面绿色，初时疏被短柔毛，后渐脱落，幼时有腺点，下面初时密被灰白色短柔毛；叶柄长 1~5 cm，基部有小型栉齿状分裂的假托叶，上部叶较小，一至二回栉齿状羽状分裂，苞叶栉齿状羽状分裂或不分裂，条形或条状披针形。头状花序近球形，直径 2~3.5 mm，具短梗，下垂，多数在茎上排列成密集或稍开展的圆锥状；总苞片 3~4 层，外层的披针形或长椭圆形，初时密被短柔毛，后脱落无毛，中肋绿色，边缘膜质，中、内层的椭圆形，膜质，无毛；边缘雌花 10~12 枚，花冠狭管状，中央两性花 20~40 枚，花冠管状；花序托凸起。瘦果狭椭圆状卵形或狭圆锥形。花果期 8~10 月。

生境分布

中旱生或旱生植物。广泛分布于覆土、覆沙和裸露砒砂岩侵蚀物沉积区。在梁峁坡、沟坡和沟道内均有大量生长，是砒砂岩区一种分布较广、适生性极强的菊科植物。在梁峁坡多以单株散生为主，在沟坡等立地条件较差或者竞争较弱区域多形成优势群落。

102 灰莲蒿（变种） *Artemisia sacrorum Ledeb.var. incana (Bess.) Y.R.Ling*

菊科，蒿属；别名 矮丛蒿

形态特征

多年生、矮生草本。主根明显，木质；根茎稍粗短，直径达 0.5 ~ 1.5 cm，具多枚营养枝。茎多数，高 5 ~ 15 cm，常与营养枝组成矮丛，不分枝或上部有短小、密生头状花序的分枝；茎、枝、叶两面及总苞片背面密被灰白色或淡灰黄色、略带绢质的短柔毛。叶纸质，干后质稍硬；茎下部与中部叶椭圆形或卵形，长、宽 0.5 ~ 1 cm，下部叶通常 3 全裂或近掌状 5 全裂；叶柄长 0.6 ~ 1 cm，基部稍宽。头状花序半球形、近球形或卵钟形，直径 3 ~ 4 mm，近无梗，在茎端或短的分枝上，每 2 至数枚密集排成短穗状花序，并在茎上组成短小、密集的穗状花序式的窄圆锥花序；总苞片 3 ~ 4 层，外层总苞片略狭小，披针形，绿色，中、内层总苞片椭圆形或卵形，边缘宽膜质或全为半膜质，中肋绿色；雌花 5 ~ 7 朵，花冠狭圆锥状，檐部具 2 ~ 3 裂齿，花柱略伸出花冠外，先端 2 叉，叉端钝尖；两性花 15 ~ 22 朵，花冠管状，檐部稍被短柔毛，花药线形，先端附属物尖，长三角形，基部钝，花柱与花冠等长，先端 2 叉，叉端截形，具睫毛。瘦果倒卵形或倒卵状椭圆形。花果期 8 ~ 10 月。

生境分布

主要分布于覆土和裸露砒砂岩侵蚀物沉积区。常见于梁峁坡，多生于山坡及丘陵坡地。在砒砂岩区适生范围内常与禾本科类草种共生形成优势群落，也多见于单株散生。在砒砂岩区具有较强适应性。

103 华北米蒿 *Artemisia giraldii* Pamp

菊科，蒿属；别名　茭蒿、吉氏蒿

形态特征

半灌木状草本，高 20~80 cm。主根粗壮，侧根多，根状茎粗壮。茎多数或少数，丛生，直立，带红紫色，下部稍木质化，多分枝，茎、枝幼时被柔毛，后渐稀疏或无毛。叶纸质，灰绿色，干后呈暗绿色；茎下部叶卵形或长卵形，指状 3 深裂，稀 5 深裂，裂片披针形或条状披针形，具短柄或近无柄，花期枯萎，中部叶椭圆形，长 2~3（5）cm，宽 1~1.5 cm，指状 3 深裂，裂片条形或条状披针形，长 1~2 cm，宽 1~2（5）mm，先端尖，边缘稍反卷或不反卷，上面疏被灰白色短柔毛，下面初时密被灰白色蛛丝状柔毛，后渐脱落，叶基部渐狭成短柄，基部无假托叶或有而不明显，上部叶与苞叶 3 深裂或不分裂，为条形或条状披针形。头状花序宽卵形、近球形或矩圆形，直径 1.5~2 mm，具短梗，有小苞叶，下垂或斜展，多数在茎上排列成开展的圆锥状；总苞片 3~4 层，外层的较小，外、中层的卵形、长卵形，背部无毛，有绿色中肋，边缘宽膜质，内质的长椭圆形或长卵形，半膜质；边缘雌花 4~8 枚，花冠狭管状或狭圆锥状，中央两性花 5~7 枚，花冠管状；花序托凸起。瘦果倒卵形。花果期 7~9 月。

生境分布

喜暖的旱生或中旱生植物。广泛分布于覆土、覆沙和裸露砒砂岩侵蚀物沉积区，在梁峁坡、沟坡和沟道内均能够广泛生长，尤其在坡地、梁峁坡以及沟坡较陡区域多形成单一群落植被。

104 向日葵 *Helianthus annuus* L.

菊科，向日葵属；别名　葵花、朝阳花、望日葵

形态特征

一年生高大草本，高 1~3 m。茎直立，粗壮，被长硬毛，髓部发达，不分枝或有时上分枝。叶互生，心状宽卵形，长 10~30 cm 或更长，先端锐尖或渐尖，基部心形或楔形，边缘有粗锯齿，两面被短硬毛，有三基出脉，具长柄。头状花序直径 10~30 cm，常下倾；总苞片多层，叶质，卵形或卵状披针形，先端尾状渐尖，被长硬毛；花序托托片半膜质；舌状花的舌片矩圆状卵形或矩圆形，黄色，管状花棕色或紫色，裂片披针形，结实；冠毛膜片状，早落。瘦果长 10~15 mm，有细肋，灰色或黑色。花期 7~9 月，果期 8~10 月。

生境分布

中生植物。分布于覆土砒砂岩区的沟道内，喜生于疏松潮湿的土壤，多为人工栽培，少有逸生。

105 菊芋 *Helianthus tuberosus* L.

菊科，向日葵属；别名　洋姜、鬼子姜、洋地梨儿、洋蔓菁

形态特征

多年生草本，高可达3 m。有块状的地下茎及纤维状根。茎直立，被短硬毛或刚毛，上部有分枝。基部叶对生，上部叶互生，下部叶卵形或卵状椭圆形，长10~15 cm，宽3~9 cm，先端渐尖或锐尖，基部宽楔形或圆形，有时微心形，边缘有粗锯齿，具离基三出脉，上面被短硬毛，下面叶脉上有短硬毛，上部叶长椭圆形至宽披针形，先端渐尖，基部宽楔形；两者均有具狭翅的叶柄。头状花序直径5~9 cm，少数或多数，单生于枝端，有苞叶1~2，条状披针形；总苞片多层，披针形，开展，长14~18 mm，先端长渐尖，背面及边缘被硬毛；托片矩圆形，上端不等3浅裂，有长毛，边缘膜质，背部有细肋；舌状花12~20，舌片椭圆形，长1.5~3 cm，管状花长约8 mm。瘦果楔形，有毛，上端有2~4个有毛的锥状扁芒。花果期8~10月。

生境分布

中生植物。分布于覆土、覆沙砒砂岩区的沟道内，比较喜欢温湿环境，单株生长，人工大面积栽培为主。

106 蒲公英 *Taraxacum mongolicum* Hand. Mazz.

菊科，蒲公英属；别名　蒙古蒲公英、婆婆丁、姑姑英

形态特征

多年生草本。根圆柱状，黑褐色，粗壮。叶倒卵状披针形、倒披针形或长圆状披针形，长 4~20 cm，宽 1~3.5 cm，先端钝或锐尖，边缘有时具波状齿或羽状深裂，有时倒羽状深裂或大头羽状深裂，顶端裂片较大，三角形或三角状戟形，全缘或具齿，每侧裂片3~5 片，三角形或三角状披针形，通常具齿，平展或倒向，裂片间常夹生小齿，基部渐狭成叶柄，叶柄及主脉常带红紫色，疏被蛛丝状白色柔毛或几无毛。花葶一至数个，与叶等长或稍长，高 10~25 cm，上部紫红色，密被蛛丝状白色柔毛；头状花序直径 30~40 mm；总苞钟状，长 12~14 mm，总苞片 2~3 层，外层总苞片卵状披针形，边缘宽膜质，先端增厚或具小到中等的角状突起，内层总苞片线状披针形，具小角状突起；舌状花黄色，舌片长约 8 mm，宽 1.5 mm。瘦果倒卵状披针形，暗褐色，长 4~5 mm，上部具小刺，下部具成行排列的小瘤，顶端逐渐收缩为长约 1 mm 的圆锥至圆柱形喙基，喙长 6~10 mm，纤细；冠毛白色，长约 6 mm。花期 4~9 月，果期 5~9 月。

生境分布

中生植物。广泛分布于覆土、覆沙和裸露砒砂岩侵蚀物沉积区。常见于梁峁坡和沟道内，适应性强，单株散生为主。

107 多裂蒲公英 *Taraxacum dissectum* (Ledeb.) Ledeb.

菊科，蒲公英属

形态特征

多年生草本。根颈部密被黑褐色残存叶基，叶腋有褐色细毛。叶披针形，倒披针形或条形，长 2~10 cm，宽 3~20 mm，羽状全裂，顶端裂片长三角状戟形，全缘，先端钝或锐尖，每侧裂片 3~7 片，裂片条形，裂片先端钝或渐尖，全缘，裂片间无齿或小裂片，两面被蛛丝状短毛。花葶 1~6，长于叶，高 4~7 cm，花时常整个被丰富的蛛丝状毛；头状花序直径 10~25 mm；总苞钟状，长 8~11 mm，总苞片绿色，先端常显紫红色，无角，外层总苞片卵圆形至卵状披针形，中央部分绿色，具有宽膜质边缘，内层总苞片长为外层总苞片的 2 倍；舌状花黄色或亮黄色，舌片长 7~8 mm，宽 1~1.5 mm，基部筒长约 4 mm，边缘花舌片背面有紫色条纹。瘦果淡灰褐色，长（4.0）4.4~4.6 mm，中部以上具大量小刺，以下具小瘤状突起，顶端逐渐收缩为长 0.8~1.0 mm 的喙基，喙长 4.5~6 mm，冠毛白色，长 6~7 mm。花果期 6~9 月。

生境分布

耐盐中生植物。广泛分布于覆土、覆沙和裸露砒砂岩侵蚀物沉积区，生于盐渍化草甸、水井边、砾质沙地。

108 亚洲蒲公英 *Taraxacum asiaticum* Dahlst.

菊科，蒲公英属

形态特征

多年生草本。根颈部有暗褐色残存叶基。叶条形或狭披针形，长 4~20 cm，宽 3~9 mm，羽状浅裂至羽状深裂，顶裂片较大，戟形或狭戟形，两侧的小裂片狭尖，侧裂片三角状披针形至条形，裂片间常有缺刻或小裂片，无毛或被疏柔毛。花葶数个，高 10~30 cm，与叶等长或长于叶，顶端光滑或被蛛丝状柔毛；头状花序直径 30~35 mm，总苞长 10~12 mm；外层总苞片宽卵形、卵形或卵状披针形，有明显的宽膜质边缘，先端有紫红色突起或较短的小角，内层总苞片条形或披针形，较外层总苞片长 2~2.5 倍，先端有紫红色略钝突起或不明显的小角；舌状花黄色，稀白色，边缘花舌片背面有暗紫色条纹。瘦果倒卵状披针形，秆黄色或褐色，长 3~4 mm，上部有短刺状小瘤，下部近光滑，顶端逐渐收缩为长 1 mm 的圆柱形喙基，喙长 5~9 mm；冠毛污白色，长 5~7 mm。花果期 4~9 月。

生境分布

中生植物。广泛分布于覆土、覆沙和裸露砒砂岩侵蚀物沉积区，常见于河滩、草甸、村舍附近，在梁峁坡也有少量分布。

109 全叶风毛菊（变种）

Saussurea japonica (Thumb.)
DC.var.*subintegra* (Regel) Kom.

菊科，风毛菊属

形态特征

二年生草本，高50~150 cm。根纺锤状，黑褐色。茎直立，疏被短柔毛和腺体，上部多分枝。基生叶与下部叶具长柄，矩圆形或椭圆形，长15~20 cm，宽3~5 cm，羽状半裂或深裂，顶裂片披针形，侧裂片7~8对，矩圆形、矩圆状披针形或条状披针形以至条形，先端钝或锐尖，全缘，两面疏被短毛和腺体，茎中部叶向上渐小，上部叶条形，披针形或长椭圆形，羽状分裂或全缘，无柄。头状花序多数，在茎顶和枝端排列成密集的伞房状；总苞筒状钟形，长8~13 mm，宽5~8 mm，疏被蛛丝状毛，总苞片6层，外层者短小，卵形，先端钝尖，中层至内层者条形或条状披针形，先端有膜质、圆形而具小齿的附片，带紫红色；花冠紫色，长10~12 mm，狭管部长约6 mm，檐部长4~6 mm。瘦果暗褐色，圆柱形，长4~5 mm；冠毛2层，淡褐色，外层者短，内层者长约8 mm。花果期8~9月。本变种与正种的区别：根生叶披针形或条状披针形，全缘。

生境分布

主要分布于覆土砒砂岩区，常见于梁峁坡和沟道内。

110 达乌里风毛菊 *Saussurea davurica* Adam.

菊科，风毛菊属

形态特征

多年生草本，高 4~15 cm，全体灰绿色。根细长。茎 1 个或 2~3 个，直立，无毛或疏被短柔毛，不分枝或分枝。基生叶和茎下部叶披针形或窄长的椭圆形，长 2~10 cm，宽 5~20 mm，先端渐尖，基部楔形或宽楔形，具长柄；全缘或中部具不规则波状牙齿或小裂片，茎中部以上叶矩圆形全缘或有波状小齿，无柄或具短柄，半抱茎，全部叶稍肉质，带咸苦味，近无毛或微被毛，密布腺点，边缘有粗硬毛。头状花序多数，着生于茎枝顶端，紧密排列成球形或半球形的伞房状；总苞窄筒形，长 10~12 mm，宽 3~6 mm，总苞片 6~7 层，外层者卵形，顶端锐尖，中层者椭圆形，内层者矩圆状椭圆形，先端尖，背部近无毛，边缘被短柔毛，上部紫红色；花冠粉红色，长约 15 mm，檐部与细管部近等长。瘦果圆柱形，长 2~3 mm，顶端具小冠；冠毛白色，2 层，内层长 1.1~1.2 cm。花果期 8~9 月。

生境分布

中生植物。主要分布于覆沙砒砂岩区，常见于河滩草甸、盐渍化低地、半固定沙地、河流冲积扇、干河床等地。

111 碱地风毛菊 *Saussurea runcinata* DC.

菊科，风毛菊属；别名 倒羽叶风毛菊

形态特征

多年生草本，高 5~50 cm。根粗壮，直伸，颈部被褐色纤维状残叶鞘。茎直立，单一或数个丛生，无翅或有狭的具齿或全缘的翅，上部或基部有分枝。基生叶与茎下部叶椭圆形或倒披针形、披针形或条状披针形，长 4~20 cm，宽 0.5~7 cm，大头羽状全裂或深裂，稀上部全缘，下部边缘具缺刻状齿或小裂片，全缘或具牙齿；顶裂片条形、披针形或卵形、长三角形，先端渐尖、锐尖或钝，全缘或疏具牙齿；侧裂片不规则，疏离，平展或向下或稍向上，披针形、条状披针形或矩圆形，先端钝或尖，有软骨质小尖头，全缘或疏具牙齿以至小裂片；两面无毛或疏被柔毛，有腺点；叶具长柄，基部扩大成鞘，中部及上部叶较小，条形或条状披针形，全缘或具疏齿，无柄。头状花序少数或多数在茎顶与枝端排列成复伞房状或伞房状圆锥形，花序梗较长或短，苞片条形，总苞筒形或筒状狭钟形，长 8~12 mm，直径 5~10 mm；总苞片 4 层，外层者卵形或卵状披针形，先端较厚，锐尖或微具齿，内层者条形，顶端有扩大成膜质、具齿、紫红色的附片；花冠紫红色，长 10~14 mm，狭管部长约 7 mm，檐部长达 7 mm，有腺点。瘦果圆柱形，长 2~3 mm，黑褐色；冠毛 2 层，淡黄褐色，外层短，糙毛状，内层长 7~9 mm，羽毛状。花果期 8~9 月。

生境分布

耐盐中生植物。主要分布于覆土和覆沙砒砂岩区，常见于沟道等盐渍低地。单株散生为主，少有优势群落。

112 柳叶风毛菊 *Saussurea salicifolia* (L.) DC.

菊科，风毛菊属

形态特征

多年生半灌木状草本，高 15~40 cm。根粗壮，扭曲，外皮纵裂为纤维状。茎多数丛生，直立，被蛛丝状毛或短柔毛，不分枝或由基部分枝。叶多数，条形或条状披针形，长 2~10 cm，宽 3~5 cm，先端渐尖，基部渐狭，全缘，稀基部边缘具疏齿，常反卷，上面绿色，无毛或疏被短柔毛，下面被白色毡毛。头状花序在枝端排列成伞房状；总苞筒状钟形，长 8~12 mm，直径 4~7 mm，总苞片 4~5 层，红紫色，疏被蛛丝状毛，外层者卵形，顶端锐尖，内层者条状披针形，顶端渐尖或稍钝；花冠粉红色，长约 15 mm，狭管部长 6~7 mm，檐部长 6~7 mm。瘦果圆柱形，褐色，长约 4 mm；冠毛 2 层，白色，内层者长约 10 mm。花果期 8~9 月。

生境分布

中旱生植物。分布于覆土砒砂岩区，覆沙和裸露砒砂岩侵蚀物沉积区较为少见。常见于山地，沟坡、沟道内分布较少。

113 苍耳 *Xanthium sibiricum* Patrin ex Widder

菊科，苍耳属；别名　苍耳子、老苍子、刺儿苗

形态特征

一年生草本，高 20~60 cm。茎直立，粗壮，被白色硬伏毛，不分枝或少分枝。叶三角状卵形或心形，长 4~9 cm，宽 3~9 cm，先端锐尖或钝，基部近心形或截形，与叶柄连接处楔形，不分裂或有 3~5 不明显浅裂，边缘有缺刻及不规则的粗锯齿，具三基出脉，两面均被硬伏毛及腺点。雄花头状花序直径 4~6 mm，总苞片矩圆状披针形，长 1~1.5 mm，雄花花冠钟状，雌花头状花序椭圆形，外层总苞片披针形，长约 3 mm，内层总苞片宽卵形或椭圆形，成熟的具瘦果的总苞变坚硬，绿色、淡黄绿色或带红褐色，连同喙部长 12~15 mm，宽 4~7 mm，外面疏生具钩状的刺，刺长 1~2 mm，基部微增粗或不增粗，被短柔毛，常有腺点，喙坚硬，锥形，长 1.5~2.5 mm，上端略弯曲，不等长。瘦果长约 1 cm，灰黑色。花期 7~8 月，果期 9~10 月。

生境分布

广泛分布于覆土、覆沙和裸露砒砂岩侵蚀物沉积区，常见于梁峁坡和沟道内，在砒砂岩区适应性强，单株散生，少有形成优势群落。

114 线叶菊 *Filifolium sibiricum* (L.) Kitam.

菊科，线叶菊属

形态特征

多年生草本，高15~60 cm。主根粗壮，斜伸，暗褐色。茎单生或数个，直立，具纵沟棱，无毛，基部密被褐色纤维鞘，不分枝或上部有分枝。叶深绿色，无毛，基生叶轮廓倒卵形或矩圆状椭圆形，长达20 cm，宽3~6 cm，有长柄，茎生叶较小，无柄；全部叶二至三回羽状全裂，裂片条形或丝状，长达4 cm，宽约1 mm。头状花序多数，在枝端或茎顶排列或复伞房状，梗长0.5~1 cm；总苞球形或半球形，直径4~5 mm，总苞片3层，顶端圆形，边缘宽膜质，背部厚硬，外层者卵圆形，中层与内层者宽椭圆形；花序托突起，圆锥形；有多数异形小花，外围有1层雌花，结实，管状，顶端2~4裂；中央有多数两性花，不结实，花冠管状，长1.8~2.4 mm，黄色，先端5（4）齿裂。瘦果倒卵形，压扁，长1.8~2.5 mm，宽1.5~2 mm，淡褐色，无毛，腹面具2条纹，无冠毛。花果期7~9月。

生境分布

耐寒性中旱生植物。主要分布于覆土和裸露砒砂岩侵蚀物沉积区，常见于梁峁坡，生于山地及丘陵上部。耐寒、耐旱，是一种具有较强适应性的植被。

115 山苦荬 *Ixeris chinensis* (Thunb.) Nakai

菊科，苦荬菜属；别名 苦菜、燕儿尾

形态特征

多年生草本，高 10~30 cm，全体无毛。茎少数或多数簇生，直立或斜升，有时斜倚。基生叶莲座状，条状披针形、倒披针形或条形，长 2~15 cm，宽 0.2~1 cm，先端尖或钝，基部渐狭成柄，柄基扩大，全缘或具疏小牙齿或呈不规则羽状浅裂与深裂，两面灰绿色，茎生叶 1~3，与基生叶相似，但无柄，基部稍抱茎。头状花序多数，排列成稀疏的伞房状，梗细；总苞圆筒状或长卵形，长 7~9 mm，宽 2~3 mm，总苞片无毛，先端尖，外层者 6~8，短小，三角形或宽卵形，内层者 7~8，较长，条状披针形；舌状花 20~25，花冠黄色、白色或变淡紫色，长 10~12 mm。瘦果狭披针形，稍扁，长 4~6 mm，红棕色，喙长约 2 mm；冠毛白色，长 4~5 mm。花果期 6~7 月。

生境分布

中旱生植物。广泛分布于覆土、覆沙和裸露砒砂岩侵蚀物沉积区，在梁峁坡、沟坡和沟道内均有生长，为田间杂草，常见于山野、田间、撂荒地、路旁。

116 丝叶山苦荬（变种）*Ixeridium graminifolium* (Ledeb.) Tzvel.

菊科，苦荬菜属；别名 丝叶苦菜，丝叶小苦荬

形态特征

多年生草本，高 10 ~ 20 cm。根垂直直伸。茎直立，自基部多分枝，分枝弯曲斜升，全部茎枝无毛。基生叶丝形或线状丝形；茎叶极少，与基生叶同形，全部两面无毛，边缘全缘，无锯齿。头状花序多数或少数，在茎枝顶端排成伞房状花序或单生枝端。总苞圆柱状，长 7 ~ 7.5 mm；总苞片 2 ~ 3 层，外层及最外层短，卵形，长及 1 mm，宽不足 0.8 mm，顶端急尖；内层长，线状长椭圆形，长 7 ~ 7.5 mm，宽不足 1 mm，顶端急尖，全部苞片外面无毛。舌状小花黄色，极少白色，15 ~ 25 枚。瘦果褐色，长椭圆形，长 3 mm，宽 0.6 mm，有 10 条高起钝肋，肋上部有小刺毛，向顶端渐尖成细喙，喙细丝状，长 3 mm。冠毛白色，纤细，糙毛状，长 4 mm。花果期 6 ~ 8 月。

本变种与正种的区别在于：基生叶很窄，丝状条形，通常全缘，稀具羽裂片。

生境分布

同正种分布相近。

117 抱茎苦荬菜 *Ixeris sonchifolia* (Bunge) Hance

菊科，苦荬菜属；别名　苦荬菜、苦碟子

形态特征

多年生草本，高 30~50 cm，无毛。根圆锥形，褐色。茎直立，上部多少分枝。基生叶多数，铺散，矩圆形，长 3.5~8 cm，宽 1~2 cm，先端锐尖或钝圆，基部渐狭成具窄翅的柄，边缘有锯齿或缺刻状牙齿，或为不规则的羽状深裂，上面有微毛；茎生叶较狭小，卵状矩圆形或矩圆形，先端锐尖或渐尖，基部扩大成耳形或戟形而抱茎，羽状浅裂或深裂或具不规则缺刻状牙齿，头状花序多数，排列成密集或疏散的伞房状，具细梗；总苞圆筒形，长 5~6 mm，宽 2~2.5 mm，总苞片无毛，先端尖，外层者 5，短小，卵形，内层者 8~9，较长，条状披针形，背部各具中肋 1 条；舌状花黄色，长 7~8 mm。瘦果纺锤形，长 2~3 mm，黑褐色，喙短，约为果身的 1/4，通常为黄白色；冠毛白色，长 3~4 mm。花果期 6~7 月。

生境分布

中生植物。在覆土和裸露砒砂岩侵蚀物沉积区有大量分布，常见于梁峁坡和沟道内，生于草甸、山野、路旁、撂荒地等，是当地一种适生性较强的植被。

118 秋英 *Cosmos bipinnatus* Cav.
菊科，秋英属；别名　大波斯菊、八瓣梅

形态特征

一年生草本，高 1~2 m。茎无毛或稍被柔毛。叶二回羽状深裂，裂片稀疏，条形或丝状条形。头状花序单生，直径 3~6 cm，花序梗长 6~18 cm；外层总苞片卵状披针形，先端长渐尖，淡绿色，背部有深紫色条纹，内层者椭圆状卵形，膜质，与外层者等长或较长。托叶平展，上端丝状，与瘦果近等长；舌状花粉红色、紫红色或白色，舌片椭圆状倒卵形，长 2~3 cm，宽 1.2~1.8 cm，顶端有 3~5 钝齿，管状花黄色，长 6~8 mm，裂片披针形。瘦果黑色，长 8~12 mm，无毛，先端具长喙，疏被向上的小刺毛。花果期 8~10 月。

生境分布

中生植物。在覆土、覆沙和裸露砒砂岩侵蚀物沉积区均有分布，属于引进植物，常用于营造庭院景观、道路绿化等。

119 乳苣 *Mulgedium tataricum* (L.) DC.

菊科，乳苣属；别名　紫花山莴苣、苦菜、蒙山莴苣

形态特征

多年生草本，高 10~70 cm，具垂直或稍弯曲的长根状茎。茎直立，具纵沟棱，无毛，不分枝或有分枝。茎下部叶稍肉质，灰绿色，长椭圆形、矩圆形或披针形，长 3~14 cm，宽 0.5~3 cm，先端锐尖或渐尖，有小尖头，基部渐狭成具狭翅的短柄，柄基扩大而半抱茎，羽状或倒向羽状深裂或浅裂，侧裂片三角形或披针形，边缘具浅刺状小齿，上面绿色，下面灰绿色，无毛，中部叶与下部叶同形，少分裂或全裂，先端渐尖，基部具短柄或无柄而抱茎，边缘具刺状小齿，上部叶小，披针形或条状披针形，有时叶全部全缘而不分裂。头状花序多数，在茎顶排列成开展的圆锥状，梗不等长，纤细；总苞片 10~15 mm，宽 3~5 mm；总苞片 4 层，紫红色，先端稍钝，背部有微毛，外层者卵形，内层者条状披针形，边缘膜质；舌状花蓝紫色或淡紫色，长 15~20 mm。瘦果矩圆形或长椭圆形，长约 5 mm，稍压扁，灰色至黑色，无边缘或具不明显的狭窄边缘，有 5~7 条纵肋，果喙长约 1 mm，灰白色；冠毛白色，长 8~12 mm。花果期 6~9 月。

生境分布

中生植物。广泛分布于覆土、覆沙和裸露砒砂岩侵蚀物沉积区，常见于河滩、湖边、盐化草甸、田边、固定沙丘等处，在梁峁坡和沟坡鲜有生长，并不是砒砂岩区耐旱的一种杂类草，但在砒砂岩某些区域具有适生性。

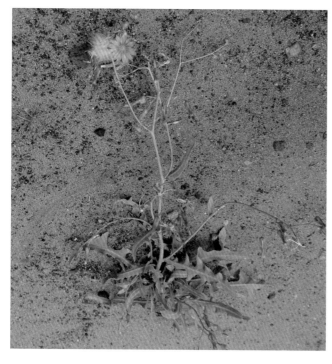

120 丝叶鸦葱 *Scorzonera curvata* (Popl.) Lipsch.

菊科，鸦葱属

形态特征

多年生草本，高 3~9 cm。根粗壮，圆柱状，褐色；根颈部被稠密而厚实的纤维状撕裂的鞘状残遗物，鞘内有稠密的厚绵毛。茎极短，疏被短柔毛。基生叶丝状，灰绿色，直立或平展，与植株等高或超过，常呈蜿蜒状扭转，长 2~10 cm，宽 1~1.5 mm，先端尖，基部扩展或扩大成鞘状，两面近无毛，但下部边缘及背面疏被蛛丝状毛或短柔毛；茎生叶 1~2，较短小，条状披针形，基部半抱茎。头状花序单生于茎顶；总苞宽圆筒状，长 1.5~2.5 cm，宽 7~10 mm，总苞片 4 层，顶端钝或稍尖，边缘膜质，无毛或被微毛，外层者三角状披针形，内层者矩圆状披针形；舌状花黄色，干后带红紫色，长 17~20 mm；冠毛淡褐色或污白色，长约 10 mm，基部连合成环，整体脱落。花期 5~6 月。

生境分布

旱生植物。主要分布于覆沙砒砂岩区，常见于丘陵坡地及干燥山坡。单株散生为主，属于覆沙砒砂岩区适生物种，但是分布较少。

121 万寿菊 *Tegetes erecta* L.

菊科，万寿菊属；别名　臭芙蓉、大万寿菊

形态特征

一年生草本，高 50~80 cm。茎直立，粗壮，分枝向上平展。叶羽状分裂，长 5~10 cm，宽 4~8 cm，裂片长椭圆形或披针形，边缘具锐锯齿，上部叶裂片的齿端有长细芒，沿叶缘有少数腺体。头状花序单生，径 5~8 cm，花序梗顶端棍棒状膨大；总苞长 1.8~2 cm，宽 1~1.5 cm，杯状，顶端具齿状；舌状花黄色或暗橙色，长 2.9 cm，舌片倒卵形，长 1.4 cm，宽 1.2 cm，基部收缩成长爪，顶端微弯缺，管状花花冠黄色，长约 9 mm，顶端具 5 齿裂。瘦果线形，基部缩小，黑色或褐色，长 8~11 mm，被短微毛；冠毛有 1~2 个长芒和 2~3 个短而钝的鳞片。花期 7~9 月。

生境分布

中生植物。在覆土、覆沙和裸露砒砂岩侵蚀物沉积区均有分布，常见于梁峁坡，对土壤要求不严。主要以园林景观为主，园林广泛栽培。

122 旋覆花 *Inula japonica* Thunb

菊科，旋覆花属；别名　大花旋覆花、金沸草

形态特征

多年生草本，高 20~70 cm。根状茎短，横走或斜升。茎直立，单生或 2~3 个簇生，上部有分枝，稀不分枝。基生叶和下部叶在花期常枯萎，长椭圆形或披针形，下部渐狭成短柄或长柄，中部叶长椭圆形，长 5~11 cm，宽 0.6~2.5 cm，先端锐尖或渐尖，基部宽大，心形或有耳，半抱茎，边缘有具小尖头的疏浅齿或近全缘，上面无毛或被疏伏毛，下面密被伏柔毛和腺点，上部叶渐小。头状花序 1~5 个生于茎顶或枝端，直径 2.5~5 cm；花序梗长 1~4 cm，苞叶条状披针形；总苞半球形，直径 1.5~2.2 cm，总苞片 4~5 层，外层者条状披针形，先端长渐尖，基部稍宽，草质，被长柔毛、腺点或缘毛，内层者条形，除中脉外干膜质；舌状花黄色，舌片条形，长 10~20 mm，管状花长约 5 mm。瘦果长 1~1.2 mm，有浅沟，被短毛；冠毛 1 层，白色，与管状花冠等长。花果期 7~10 月。

生境分布

中生植物。覆土、覆沙和裸露砒砂岩侵蚀物沉积区均有少量分布，主要生于湿润的农田、地埂和路旁。

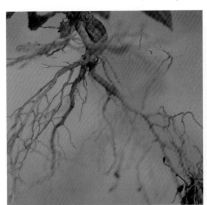

123 顶羽菊 *Acroptilon repens* (L.) DC.

菊科，顶羽菊属；别名 苦蒿、灰叫驴

形态特征

多年生草本，高 40~60 cm。根粗壮，侧根发达，横走或斜伸。茎单一或 2~3，丛生，直立，密被蛛丝状毛和腺体，由基部多分枝。叶披针形至条形，长 2~10 cm，宽 0.2~1.5 cm，先端锐尖或渐尖，全缘或疏具锯齿以至羽状深裂，两面被短硬毛或蛛丝状毛和腺点；无柄；上部叶较小。头状花序单生于枝端，总苞卵形或矩圆状卵形，长 10~13 mm，宽 6~10 mm，总苞片 4~5 层，外层者宽卵形，上半部透明膜质，被长柔毛，下半部绿色，质厚，内层者披针形或宽披针形，先端渐尖，密被长柔毛；花冠紫红色，长约 15 mm，狭管部与檐部近等长。瘦果矩圆形，长约 4 mm；冠毛长 8~10 mm。花果期 6~8 月。

生境分布

中生植物。分布于覆沙和覆土砒砂岩区，主要生于盐化草甸或灌溉的农田。在整个砒砂岩区分布较少。

124 黑三棱 *Sparganium stoloniferum* (Graebn.) Buch.-Ham.
黑三棱科，黑三棱属

形态特征

多年生草本。根状茎粗壮，在泥中横走，具卵球形块茎。茎直立，伸出水面，高50~120 cm，上部多分枝。叶条形，长60~95 cm，宽8~19 mm，先端渐狭，基部三棱形，中脉明显，在背面中部以下具龙骨状突起。圆锥花序展开，长30~50 cm，具3~5（7）个侧枝，每侧枝下部具1~3个雌性头状花序，上部具数个雄性头状花序，雌性头状花序呈球形，直径10~15 mm，雌花密集；花被片4~5，红褐色，倒卵形，长5~7 mm，膜质，先端较厚，加宽，平截或中部稍凹；子房纺锤形，花柱与子房近等长，柱头钻形，单一或分叉；雄花具花被片3~4，膜质，匙形，长约2 mm，有细长的爪，雄蕊3，花丝丝状，花药黄色。果实倒圆锥形，呈不规则四棱状，褐色，长5~8 mm，顶端急收缩，具喙。花果期7~9月。

生境分布

湿生植物。主要分布于覆土和裸露砒砂岩侵蚀物沉积区，生于河边或池塘边浅水中。

125 冠芒草 *Enneapogon borealis* (Griseb.) Honda
禾本科，画眉草亚科，冠芒草属

形态特征

一年生草本，植株基部鞘内常具隐藏小穗。秆节常膝曲，高 2~25 cm，被柔毛。叶鞘密被短柔毛，鞘内常有分枝；叶舌极短，顶端具纤毛；叶片长 2.5~10 cm，宽 1~2 mm，多内卷，密生短柔毛，基部叶呈刺毛状。圆锥花序短穗状，紧缩呈圆柱形，长 1~3.5 cm，径 5~15 mm，铅灰色或熟后呈草黄色；小穗通常含 2~3 小花，顶端小花明显退化，小穗轴节间无毛；颖披针形，质薄，边缘膜质，先端尖，背部被短柔毛，具 3~5 脉，中脉形成脊，第一颖长 3~3.5 mm，第二颖长 4~5 mm；第一外稃长 2~2.5 mm，被柔毛，尤以边缘更显，基盘亦被柔毛，顶端具 9 条直立羽毛状芒，芒不等长，长 2.5~4 mm；内稃与外稃等长或稍长，脊上具纤毛。花果期 7~9 月。

生境分布

中旱生禾草植物。覆土、覆沙和裸露础砂岩侵蚀物沉积区均有分布，主要集中分布于覆土础砂岩区。常见于梁峁坡，以单株形式存在，适宜在砾石沙地、疏松沙地土壤中生长。

126 画眉草 *Eragrostis pilosa* (L.) Beauv.
禾本科，画眉草亚科，画眉草属；别名　星星草

形态特征

一年生草本。秆较细弱，直立、斜升或基部铺散，节常膝曲，高 10~45 cm。叶鞘疏松裹茎，多少压扁，具脊，鞘口常具长柔毛，其余部分光滑；叶舌短，为一圈长约 0.5 mm 的细纤毛；叶片扁平或内卷，长 5~15 cm，宽 1.5~3.5 mm，两面平滑无毛。圆锥花序开展，长 7~15 cm，分枝平展或斜上，基部分枝近于轮生，枝腋具长柔毛；小穗熟后带紫色，长 2.5~6 mm，宽约 1.2 mm，含 4~8 小花；颖膜质，先端钝或尖，第一颖常无脉，长 0.4~0.8 mm，第二颖具 1 脉，长 1~1.4 mm；外稃先端尖或钝，第一外稃长 1.4~2 mm；内稃弓形弯曲，短于外稃，常宿存，脊上粗糙。花果期 7~9 月。

生境分布

中旱生禾草植物。主要分布于覆土砒砂岩区，常见于梁峁坡。以单株形式生长。

127 糙隐子草 *Cleistogenes squarrosa* (Trin.) Keng

禾本科，画眉草亚科，隐子草属

形态特征

多年生草本，植株通常绿色，秋后常呈红褐色。秆密丛生，直立或铺散，纤细，高10~30 cm，干后常成蜿蜒状或螺旋状弯曲。叶鞘层层包裹，直达花序基部；叶舌具短纤毛；叶片狭条形，长 3~6 cm，宽 1~2 mm，扁平或内卷，粗糙。圆锥花序狭窄，长 4~7 cm，茎 5~10 mm；小穗长 5~7 mm，含 2~3 小花，绿色或带紫色；颖具 1 脉，边缘膜质，第一颖长 1~2 mm，第二颖长 3~5 mm；外稃披针形，5 脉，第一外稃长 5~6 mm，先端常具较稃体为短的芒；内稃狭窄，与外稃近等长；花药长约 2 mm。花果期 7~9 月。

生境分布

中旱生禾草植物。主要分布于覆土砒砂岩区，常见于梁峁坡。以单株形式生长。

128 虎尾草 *Chloris virgata* Swartz

禾本科，画眉草亚科，虎尾草属

形态特征

一年生草本。秆无毛，斜升、铺散或直立，基部节处常膝曲，高 10~35 cm。叶鞘背部具脊，上部叶鞘常膨大而包藏花序；叶舌膜质，长 0.5~1 mm，顶端截平，具微齿；叶片长 2~15 cm，宽 1.5~5 mm，平滑无毛或上面及边缘粗糙。穗状花序长 2~5 cm，数枚簇生于秆顶；小穗灰白色或黄褐色，长 2.5~4 mm（芒除外）；颖膜质，第一颖长 1.5~2 mm；第二颖长 2.5~3 mm，先端具长 0.5~2 mm 的芒；第一外稃长 2.5~3.5 mm，具 3 脉，脊上微曲，边缘近顶处具长柔毛，背部主脉两侧及边缘下部亦被柔毛，芒自顶端稍下处伸出，长 5~12 mm；内稃稍短于外稃，脊上具微纤毛；不孕外稃狭窄，顶端截平，芒长 4.5~9 mm。花果期 6~9 月。

生境分布

旱生禾草植物。主要分布于覆土砒砂岩区，见于梁峁坡，以单株形式生长。

12.9 克氏针茅 *Stipa krylovii* Roshev.

禾本科，早熟禾亚科，针茅属；别名 西北针茅

形态特征

多年生草本。秆直立，高 30~60 cm。叶鞘光滑；叶舌披针形，白色膜质，长 1~3 mm；叶上面光滑，下面粗糙，秆生叶长 10~20 cm，基生叶长达 30 cm。圆锥花序基部包于叶鞘内，长 10~30 cm，分枝细弱，2~4 枝簇生，向上伸展，被短刺毛；小穗稀疏；颖披针形，草绿色，成熟后淡紫色，光滑，先端白色膜质，长 17~28 mm，第一颖略长，具 3 脉，第二颖稍短，具 4~5 脉；外稃长 9~11.5 mm；顶端关节处被短毛，基盘长约 3 mm，密被白色柔毛；芒二回膝曲，第一芒柱扭转，长 2~2.5 cm，第二芒柱长约 1 cm，芒针丝状弯曲，长 7~12 cm。花果期 7~8 月。

生境分布

旱生禾草植物。广泛分布于覆土、覆沙和裸露砒砂岩侵蚀物沉积区，在覆土和覆沙区分布较多，在地势平坦区域形成优势群落，常见于梁峁坡，是典型草原的建群种之一。

130 小针茅 *Stipa klemenzii* Roshev.

禾本科，早熟禾亚科，针茅属；别名　克里门茨针茅

形态特征

多年生草本。秆斜升或直立，基部节处膝曲，高 10~40 cm。叶鞘光滑或微粗糙；叶舌膜质，长约 1 mm，边缘具长纤毛；叶片上面光滑，下面脉上被短刺毛，秆生叶长 2~4 cm，基生叶长可达 20 cm。圆锥花序被膨大的顶生叶鞘包裹，顶生叶鞘常超出圆锥花序，分枝细弱，粗糙，直伸，单生或孪生；小穗稀疏；颖狭披针形，长 25~35 mm，绿色，上部及边缘宽膜质，顶端延伸成丝状尾尖，二颖近等长，第一颖具 3 脉，第二颖具 3~4 脉，外稃长约 10 mm，顶端关节处光滑或具稀疏短毛，基盘尖锐，长 2~3 mm，密被柔毛；芒膝曲，芒柱扭转，光滑，长 2~2.5 cm，芒尖弧状弯曲，长 10~13 cm，着生长 3~6 mm 的柔毛，芒针顶端的柔毛较短。花果期 6~7 月。

生境分布

旱生禾草植物。主要分布于覆土砒砂岩区，梁峁坡、沟坡内均有生长，以梁峁坡优势群落为主。

131 芨芨草 *Achnatherum splendens* (Trin.) Nevski
禾本科，早熟禾亚科，芨芨草属；别名　积机草

形态特征

多年生草本。秆密丛生，直立或斜升，坚硬，高 80~200 cm，通常光滑无毛。叶鞘无毛或微粗糙，边缘膜质；叶舌披针形，长 5~15 mm，先端渐尖；叶片坚韧，长 30~60 cm，宽 3~7 mm，纵向内卷或有时扁平，上面脉纹凸起，微粗糙，下面光滑无毛。圆锥花序开展，长 30~60 cm，开花时呈金字塔形，主轴平滑或具纵棱而微粗糙，分枝数枚簇生，细弱，长达 19 cm，基部裸露；小穗披针形，长 4.5~6.5 mm，具短柄，灰绿色、紫褐色或草黄色；颖披针形或矩圆状披针形，膜质，顶端尖或锐尖，具 1~3 脉，第一颖显著短于第二颖，具微毛，基部常呈紫褐色；外稃长 4~5 mm，具 5 脉，密被柔毛，顶端具 2 微齿；基盘钝圆，长约 0.5 mm，有柔毛；芒长 5~10 mm，自外稃齿间伸出，直立或微曲，但不膝曲扭转，微粗糙，易断落；内稃脉间有柔毛，成熟时背部多少露出外稃之外；花药条形，长 2.5~3 mm，顶端具毫毛。花果期 6~9 月。

生境分布

中旱生禾草植物。广泛分布于覆土、覆沙和裸露砒砂岩侵蚀物沉积区，尤其在覆土砒砂岩区和覆沙砒砂岩区分布较广，常见于梁峁坡，植株高大，多以单株形式存在。耐旱、耐寒、耐盐碱，是一种良好的牧草，适应性强，适于在梁峁坡大面积播种，是一种较好的绿化荒山草种。

132 渐狭早熟禾 *Poa attenuata* Trin.

禾本科，早熟禾亚科，早熟禾属；别名 葡系早熟禾

形态特征

多年生草本。须根纤细。秆直立，坚硬，密丛生，高 8~60 cm，近花序部分稍粗糙。叶鞘无毛，微粗糙，基部者常带紫色；叶舌膜质，微钝，长 1.5~3 mm；叶片狭条形，内卷、扁平或对折，上面微粗糙，下面近于平滑。长 1.5~7.5 cm，宽 0.5~2 mm。圆锥花序紧缩，长 2~7 cm，宽 0.5~1.5 cm，分枝粗糙；小穗披针形至狭卵圆形，粉绿色，先端微带紫色，长 3~5 mm，含 2~5 小花；颖狭披针形至狭卵圆形，先端尖，近相等，微粗糙，长 2.5~3.5 mm；外稃披针形至卵圆形，先端狭膜质，具不明显 5 脉，脉间点状粗糙，脊下部 1/4 被微柔毛，基盘具少量绵毛以至具极稀疏绵毛或完全简化，第一外稃长 3~3.5 mm；花药长 1~1.5 mm。花期 6~7 月。

生境分布

旱生禾草植物。主要分布于覆沙砒砂岩区，在覆土区有零星分布。常见于梁峁坡，多生于砾石质坡地。

133 假苇拂子茅 *Calamagrostis pseudophragmites* (Hall.f.) Koeler.

禾本科，早熟禾亚科，拂子茅属

形态特征

多年生草本。秆直立，高 30~60 cm，平滑无毛。叶鞘平滑无毛；叶舌膜质，背部粗糙，先端 2 裂或多撕裂，长 5~8 mm；叶片常内卷，长 8~16 cm，宽 1~3 mm，上面及边缘点状粗糙，下面较粗糙。圆锥花序开展，长 10~19 cm，主轴无毛，分枝簇生，细弱，斜升，稍粗糙；小穗熟后带紫色，长 5~7 mm；颖条状锥形，具 1~3 脉，粗糙，第二颖较第一颖短 2~3 mm，成熟后 2 颖张开；外稃透明膜质，长 3~3.5 mm，先端微齿裂，基盘之长柔毛与小穗近等长或稍短，芒自近顶端处伸出，细直，长约 3 mm；内稃膜质透明，长为外稃的 2/5~2/3。花果期 7~9 月。

生境分布

中生根茎禾草植物。广泛分布于覆土、覆沙和裸露砒砂岩侵蚀物沉积区，常见于沟坡坡脚及沟道内，主要生于河滩、沟谷、低地、沙地、山坡草地或阴湿处，根茎繁殖，以群落为主，可以与白草、芦苇、赖草等共同形成禾本科种群，在水土保持方面对于控制沟道内泥沙输移具有很大作用。

134 赖草 *Leymus secalinus* (Georgi) Tzvelev.

禾本科，稻亚科，赖草属；别名 老披碱、厚穗碱草

形态特征

多年生草本。秆单生或成疏丛，质硬，直立，高 45~90 cm，上部密生柔毛，尤以花序以下部分更多。叶鞘大都光滑，或在幼嫩时上部边缘具纤毛，叶耳长约 1.5 mm；叶舌膜质，截平，长 1.5~2 mm；叶片扁平或干时内卷，长 6~25 cm，宽 2~6 mm，上面及边缘粗糙或生短柔毛，下面光滑或微涩，或两面均被微毛。穗状花序直立，灰绿色，长 7~16 cm，穗轴被短柔毛，每节着生小穗 2~4 枚；小穗长 10~17 mm，含 5~7 小花，小穗轴贴生微柔毛；颖锥形，先端尖如芒状，具 1 脉，上半部粗糙，边缘具纤毛，第一颖长 8~13 mm，第二颖长 11~17 mm；外稃披针形，背部被短柔毛，边缘的毛尤长且密，先端渐尖或具长 1~4 mm 的短芒，脉在中部以上明显，基盘具长约 1 mm 的纤毛，第一外稃长 8~14 mm；内稃与外稃等长，先端微 2 裂，脊的上半部具纤毛。花果期 6~9 月。

生境分布

中生植物。广泛分布于覆土、覆沙和裸露砒砂岩区。尤其在覆土和覆沙区的梁峁坡、坡面和沟道内都有大量分布，并形成优势群落。适宜在透气性较好的土壤中生长，如黄土、沙土等，主要以根茎繁殖，能较快形成较大的覆盖面积，属于砒砂岩地区先锋物种，且能够长期保持优势群落并与沙棘、柠条等灌木形成灌草混交林，适宜在砒砂岩区大面积推广种植。

135 粟 *Setaria italica* (L.) Beauv.

禾本科，黍亚科，狗尾草属；别名 粱、谷子、小米

形态特征

一年生栽培作物（有时可逸生）。秆直立粗壮，秆高 1 m 余，基部节处可生有支柱根，花序下方粗糙。叶鞘无毛；叶舌短，具纤毛；叶片条状披针形，长 10~35 cm，宽 1.5 cm 左右，先端渐尖细，基部钝圆，上面粗糙，下面较光滑。圆锥花序穗状下垂，其簇丛明显，常延伸呈裂片状或紧密呈圆柱状，长 20~40 cm，径 0.5~4 cm，主轴密生柔毛，刚毛长为小穗的 1.5~3 倍；小穗长 2~3 mm，椭圆形；第一颖长为小穗的 1/3~1/2，具 3 脉，第二颖长仅为小穗的 1/5~1/4；第一外稃与小穗等长，其内稃短小；第二外稃与第一外稃等长，卵形，黄色、红色或紫黑色，具细点状皱纹，成熟时圆柱形，自颖片与第一外稃上脱落。

生境分布

中生植物。在覆土、覆沙和裸露砒砂岩侵蚀物沉积区均有大量分布，为砒砂岩区主要农作物之一，常见于梁峁顶、梁峁坡等地势平坦地方，在沟道内也有分布。

136 金色狗尾草 *Setaria glauca* (L.) Beauv.

禾本科，黍亚科，狗尾草属

形态特征

一年生草本。秆直立或基部稍膝曲，高 20~80 cm，光滑无毛或仅在花序基部粗糙。叶鞘下部扁压具脊；叶舌退化为一圈长约 1 mm 的纤毛；叶片条状披针形或狭披针形，长 5~15 cm，宽 4~7 mm，上面粗糙或在基部有长柔毛，下面光滑无毛。圆锥花序密集成圆柱状，长 2~8 cm，径约 1 cm 左右（刚毛包括在内），直立，主轴具短柔毛，刚毛金黄色，粗糙，长 6~8 mm，5~20 根为一丛；小穗 3 mm 长，椭圆形，先端尖，通常在一簇中仅有 1 枚发育；第一颖广卵形，先端尖，具 3 脉；第一外稃与小穗等长，具 5 脉，内稃膜质，短于小穗或与之几等长，并且与小穗几乎等宽；第二外稃骨质。颖果先端尖，成熟时具有明显的横皱纹，背部极隆起。花果期 7~9 月。

生境分布

中生植物。广泛分布于覆土、覆沙和裸露砒砂岩侵蚀物沉积区，在梁峁坡、沟坡和沟道内均有大量分布。单株或形成群落。

137 黍 *Panicum miliaceum* L.

禾本科，黍亚科，黍属；别名 稷、糜子、黍子

形态特征

一年生草本。秆直立或有时基部稍倾斜，高 50~120 cm，可分枝，节密生须毛，节下具疣毛。叶鞘疏松，被疣毛；叶舌短而厚，长约 1 mm，具长 1~2 mm 的纤毛；叶片披针状条形，长 10~30 cm，宽 10~15 cm，疏生长柔毛或无毛，边缘常粗糙。圆锥花序开展或较紧密，成熟后下垂或直立，长 20~30 cm，分枝细弱，斜向上升或水平开展，具角棱，边缘具糙刺毛，下部裸露，上部密生小枝和小穗；小穗卵状椭圆形，长 3.5~5 mm；第一颖长为小穗的 1/2~1/3，具 5~7 突起脉，第二颖常具 11 脉，其脉于顶端会合成喙状；第一外稃多具 13 脉，第一内稃如存在，膜质，先端常凹或不整齐状；第二外稃乳白色、褐色或棕黑色。颖果圆形或椭圆形，长 3~3.5 mm，各种颜色。

生境分布

中生植物。主要分布于覆土砒砂岩区，常见于梁峁顶、路边、田间等，自然生植被，有人工种植。

138 白草 *Pennisetum centrasiaticum* Tzvel.

禾本科，黍亚科，狼尾草属；别名　东亚白草、狼尾草

形态特征

多年生草本。具横走根茎。秆单生或丛生，直立或基部略倾斜，高 35~55 cm，节处多少常具髭毛。叶鞘无毛或于鞘口及边缘具纤毛，有时基部叶鞘密被微细倒毛；叶舌膜质，顶端具纤毛，长 1~3 cm；叶片条形，长 6~24 cm，宽 3~8 mm，无毛或有柔毛。穗状圆锥花序呈圆柱形，直立或微弯曲，长 7~12 cm，径 1~2 cm（刚毛在内），主轴具棱，无毛或有微毛，小穗簇总梗极短，最长不及 0.5 mm，刚毛绿白色或紫色，长 3~14 mm，具向上微小刺毛；小穗多数单生，有时 2~3 枚成簇，长 4~7 mm，总梗不显著；第一颖长 0.5~1.5 mm，先端尖或钝，第二颖长 2.5~4 mm，先端尖，具 3~5 脉；第一外稃与小穗等长，具 7~9 脉，先端渐尖成芒状小尖头，内稃膜质而较之为短或退化，具 3 雄蕊或退化；第二外稃与小穗等长，先端亦具芒状小尖头，具 3 脉，脉向下渐不明显，内稃较之略短。花果期 7~9 月。

生境分布

中旱生植物。主要分布于覆土砒砂岩区，在梁峁坡、沟坡和沟道内均有分布。耐寒、耐旱，无性繁殖能力强，易形成优势群落，是一种适应性极强的草本植物，适宜大面积推广种植。

139 玉蜀黍 *Zea mays* L.

禾本科，黍亚科，玉蜀黍属；别名 玉米

形态特征

高大粗壮栽培作物。秆实心，表面常被蜡粉层，直立，基部各节具气生支柱根，高1~4 m（视品种而异），径粗可达5 cm。叶鞘具横脉，无毛，鞘口被茸毛；叶舌干膜质，先端钝圆，不规则齿裂，长可达5 mm；叶片长25~80 cm，宽2~9 cm，上面粗糙，疏被细纤毛，近基部较密地生有茸毛，下面平滑无毛，边缘波状皱，无毛或被睫毛状纤毛，先端渐尖，基部圆形，常生有细长柔毛。雄花序长26~40 cm，分枝穗状形总状，轴被微细毛；雄小穗孪生，一近无柄，一有柄，被微毛，长9~11 mm，颖膜质，等长，被微细纤毛，具7~11脉（脉分布不匀，边脉较密），外稃与内稃均透明膜质，稍短于颖，先端齿裂，有时被微毛；雌花序肉穗状，腋生；雌小穗成对排列，8~20行；颖无脉，宽短，拱圆而环抱2小花，背部较厚呈肉质，顶端缘口常具微细纤毛，第一小花不育，外稃透明膜质，比颖短小，内稃很小或退化不存在，第二小花正常发育，具膜质透明的内外稃，雌蕊具1极长（最长可达50 cm以上）纤细且被短毛的丝状花柱，远伸于鞘状苞叶以外，绿黄色、紫红色，熟后呈黑褐色，柱头不等长，极短，长0.5~0.75 mm。

生境分布

中生植物。在覆土、覆沙和裸露砒砂岩侵蚀物沉积区均有大量分布。常见于梁峁顶和平坦沟道内，是砒砂岩区主要的一种粮食作物。

140 蜀黍 *Sorghum vulgare* Pers.
禾本科，黍亚科，蜀黍属；别名 高粱

形态特征

一年生草本。秆实心充满髓，高 2~3 m（也有 1 m 以下者，常因栽培品种不同变异颇大）。叶鞘无毛，常被白粉；叶舌短，长 1~2 mm，硬膜质，先端钝圆，具纤毛；叶片长可达 50 cm，宽可达 7 cm，无毛，具锐尖粗糙的边缘，基部与叶舌之间被密毛。圆锥花序卵形或椭圆形，紧缩似穗状或略开展，长 12~25 cm，分枝轮生，上升；无柄小穗宽卵形至卵状椭圆形，长 5~6 mm，有柄小穗披针形；颖革质，被微毛或于成熟时光滑无毛；第一外稃（不孕小花）透明膜质。第二外稃透明膜质，先端具芒，芒长 3.5~8 mm，基部扭转或否。

生境分布

中生植物。在覆土、覆沙和裸露砒砂岩侵蚀物沉积区均有大量分布。常见于梁峁顶和平坦沟道内，是砒砂岩区主要的一种农作物，具有抗寒、耐涝、耐盐碱特性，属于高产稳产作物。

141 芦苇 *Phragmites australis* (Cav.) Trin.ex Steudel.

禾本科，芦竹亚科，芦苇属；别名　芦草、苇子

形态特征

多年生草本。秆直立，坚硬，高 0.5~2.5 m，节下通常被白粉。叶鞘无毛或被细毛叶；叶舌短，类似横的线痕，密生短毛；叶片扁平，长 15~35 cm，宽 1~3.5 cm，光滑或边缘粗糙。圆锥花序稠密，开展，微下垂，长 8~30 cm，分枝及小枝粗糙；小穗长 12~16 mm，通常含 3~5 小花；两颖均具 3 脉，第一颖长 4~6 mm，第二颖长 6~9 mm；外稃具 3 脉，第一小花常为雌花，其外稃狭长披针形，长 10~14.5 mm，内稃长 3~4 mm；第二外稃长 10~15 mm，先端长渐尖，基盘细长，有长 6~12 mm 的柔毛；内稃长约 3.5 mm，脊上粗糙。花果期 7~9 月。

生境分布

广幅湿生植物。在覆土、覆沙和裸露砒砂岩侵蚀物沉积区均有大量分布。常见于沟道内，在池塘、河边、湖泊水中，常形成大片芦苇荡，在梁峁坡等干旱沙地也有少量分布，是一种分布广泛、适应性强的草本植物，也是一种优良的水土保持植物，可在沟道内大面积种植，提高沟道的固土固沙能力。

142 葱 *Allium sativum* L.
百合科，葱属

形态特征

草本。鳞茎单生，圆柱状，粗 2~3 cm，外皮白色，稀淡红褐色，膜质至膜革质，不破裂。叶圆筒状，中空。花葶圆柱状，中空，高 30~100 cm，中部以下膨大，向顶端渐狭，约在 1/3 以下被叶鞘；总苞 2 裂，膜质；伞形花序球状，大而较松散，具多花；小花梗纤细，基部无小苞片；花白色；花被片长 6~8 mm，近卵形，先端渐尖，具反折的尖头，外轮稍短于内轮；花丝等长，长为其花被片的 1.5~2 倍，锥形，在基部合生并与花被片贴生；子房倒卵状，腹缝线基部具不明显的蜜穴，花柱伸出花被外。花果期 6~8 月。

生境分布

中生植物。覆土、覆沙和裸露砒砂岩侵蚀物沉积区均有分布，常见于梁峁顶和沟道内，以人工种植为主。

143 野韭 *Allium ramosum* L.
百合科，葱属

形态特征

多年生草本。根状茎粗壮，横生，略倾斜。鳞茎近圆柱状，簇生，外皮暗黄色至黄褐色，破裂成纤维状，呈网状。叶三棱状条形，背面纵棱隆起呈龙骨状，叶缘及沿纵棱常具细糙齿，中空，宽 1~4 mm，短于花葶。花葶圆柱状，具纵棱或有时不明显，高 20~55 cm，下部被叶鞘；总苞单侧开裂或 2 裂，白色，膜质，宿存；伞形花序半球状或近球状，具多而较疏的花；小花梗近等长，长 1~1.5 cm，基部除具膜质小苞片外常在数枚小花梗的基部又为 1 枚共同的苞片所包围；花白色，稀粉红色；花被片常具红色中脉，外轮花被片矩圆状卵形至矩圆状披针形，先端具短尖头，通常与内轮花被片等长，但较狭窄，宽约 2 mm；内轮花被片，基部合生并与花被片贴生，合生部位高约 1 mm，分离部分呈狭三角形，内轮者稍宽；子房倒圆锥状球形，具 3 圆棱，外壁具疣状突起，花柱不伸出花被外。花果期 7~9 月。

生境分布

中生植物。主要分布于覆土砒砂岩区，裸露砒砂岩侵蚀物沉积区也有少量分布。常见于梁峁坡，沟坡、沟道内较为少见。

144 黄精 *Polygonatum sibiricum* Delar.ex Redoute

百合科，黄精属；别名 鸡头黄精

形态特征

多年生草本。根状茎肥厚，横生，圆柱形，一头粗，一头细，直径 0.5~1 cm，有少数须根，黄白色。茎高 30~90 cm。叶无柄，4~6 轮生，平滑无毛，条状披针形，长 5~10 cm，宽 4~14 cm，先端拳卷或弯曲呈钩形。花腋生，常有 2~4 朵花，呈伞形状，总花梗长 5~25 mm，花梗长 2~9 mm。下垂；花梗基部有苞片，膜质，白色，条状披针形，长 2~4 mm；花被白色、淡黄色稍带绿色，全长 9~13 mm，顶端裂片长约 3 mm，花被筒中部稍缢缩；花丝很短，贴生于花被筒上部，花药长 2~2.5 mm；子房长约 3 mm，花柱长 4~5 mm。浆果，直径 3~5 mm，成熟时黑色，有种子 2~4 粒。花期 5~6 月，果期 7~8 月。

生境分布

中生植物。主要分布于覆土砒砂岩区，常见于沟道内，低矮沟坡中也有少量分布，主要生于林下、灌丛或山地草甸。

145 知母 *Anemarrhena asphodeloides* Bunge
百合科，知母属；别名 兔子油草

形态特征

多年生草本，具横走根状茎，粗0.5~1.5 cm，为残存的叶鞘所覆盖；须根较粗，黑褐色。叶基生，长 15~60 cm，宽 1.5~11 mm，先端渐尖而成近丝状，基部渐宽而成鞘状，具多条平行脉，没有明显的中脉，花葶直立，长于叶；总状花序通常较长，长 20~50 cm；苞片小，卵形或卵圆形，先端长渐尖；花 2~3 朵簇生，紫红色、淡紫色至白色；花被片 6，扁平，花药近基生，内向纵裂；子房小，3 室，每室具 2 胚珠，花柱与子房近等长，柱头小。蒴果狭椭圆形，长 8~13 mm，宽约 5 mm，顶端有短喙，室背开裂，每室具 1~2 粒种子；种子黑色，具 3~4 纵狭翅。花期 7~8 月，果期 8~9 月。

生境分布

中旱生植物。分布于覆土和裸露砒砂岩侵蚀物沉积区，常见于梁峁坡，耐寒耐旱，是绿化荒山的主要植被之一。

146 黄花菜 *Hemerocallis citrina* Baroni

百合科，萱草属；别名　金针菜

形态特征

多年生草本。须根近肉质，中下部常膨大呈纺锤状。叶 7~20，长 30~100 cm，宽 6~20 mm。花葶长短不一，一般稍长于叶，基部三棱形，上部稍呈圆柱形，有分枝；苞片披针形或卵状披针形，下面者长达 3~10 cm，自下向上渐短，宽 3~6 mm；花梗较短，花 3~5 朵或更多；花被淡黄色，有时在花蕾时顶端带黑紫色，花被管长 3~5 cm，花被裂片长 6~10 cm，内三片宽 2~3 cm。蒴果钝三棱状椭圆形，长 3~5 cm；种子黑色，有棱，多达 20 余粒。花果期 7~9 月。

生境分布

中生植物。分布于覆土、覆沙和裸露砒砂岩侵蚀物沉积区。常见生于田边、地埂、山坡等地方。多为人工栽培，野生较少。

147 小黄花菜 *Hemerocallis minor* Mill.

百合科，萱草属；别名　黄花菜

形态特征

多年生草本。须根粗壮，绳索状，粗1.5~2 mm，表面具横皱纹。叶基生，长20~50 cm，宽5~15 mm。花葶长于叶或近等长，花序不分枝或稀为假二歧状的分枝，常具1~2花，稀具3~4花；花梗长短极不一致；苞片卵状披针形至披针形，长8~20 mm，宽4~8 mm；花被淡黄色，花被管通常长1~3 cm，花被裂片长4~6 cm，内三片宽1~2 cm。蒴果椭圆形或矩圆形，长2~3 cm，宽1~1.5 cm。花期6~7月，果期7~8月。

生境分布

中生植物。主要分布于覆沙砒砂岩区，覆土和裸露砒砂岩侵蚀物沉积区也有少量分布。常见于梁峁坡，散生或形成群落，一些村镇也有栽培。

148 射干鸢尾 *Iris dichotoma* Pall.

鸢尾科，鸢尾属；别名　歧花鸢尾、白射干、芭蕉扇

形态特征

多年生草本。植株高 40~100 cm。根状茎粗壮，具多数黄褐色须根。茎直立，多分枝，分枝处具 1 枚苞片；苞片披针形，长 3~10 cm，绿色，边缘膜质；茎圆柱形，直径 2~5 mm，光滑。叶基生，6~8 枚，排列于一个平面上，呈扇状；叶片剑形，长 20~30 cm，宽 1.5~3 cm，绿色，基部套折状，边缘白色膜质，两面光滑，具多数纵脉；总苞干膜质，宽卵形，长 1~2 cm。聚伞花序，有花 3~15 朵；花梗较长，长约 4 cm；花白色或淡紫红色，具紫褐色斑纹；外轮花被片矩圆形，薄片状，具紫褐色斑点，爪部边缘具黄褐色纵条纹，内轮花被片明显短于外轮，瓣片矩圆形或椭圆形，具紫褐色网纹，爪部具沟槽；雄蕊 3，贴生于外轮花被片基部，花药基底着生；花柱分枝 3，花瓣状，卵形，基部连合，柱头具 2 齿。蒴果圆柱形，长 3.5~5 cm，具棱；种子暗褐色，椭圆形，两端翅状。花期 7 月，果期 8~9 月。

生境分布

中旱生植物。见于覆土砒砂岩区，梁峁坡上，散生为主。

149 细叶鸢尾 *Iris tenuifolia* Pall.
鸢尾科，鸢尾属

形态特征

多年生草本。植株高 20~40 cm，形成稠密草丛。根状茎匍匐；须根细绳状，黑褐色。植株基部被稠密的宿存叶鞘，丝状或薄片状，棕褐色，坚韧；基生叶丝状条形，纵卷，长达 40 cm，宽 1~1.5 mm，极坚韧，光滑，具 5~7 条纵脉。花葶长约 10 cm；苞叶 3~4，披针形，鞘状膨大呈纺锤形，长 7~10 cm，白色膜质，果期宿存，内有花 1~2 朵；花淡蓝色或蓝紫色，花被管细长，可达 8 cm，花被裂片长 4~6 cm，外轮花被片倒卵状披针形，基部狭，中上部较宽，上面有时被须毛，无沟纹，内轮花被片倒披针形，比外轮略短；花柱狭条形，顶端 2 裂。蒴果卵球形，具三棱，长 1~2 cm。花期 5 月，果期 6~7 月。

生境分布

旱生植物。广泛分布于覆土、覆沙和裸露砒砂岩侵蚀物沉积区。常见于梁峁坡，沟坡和沟道内较为少见。

150 **小香蒲** *Typha minima* Funck

香蒲科，香蒲属

形态特征

多年生草本。根状茎横走泥中，褐色。茎直立，高 20~50 cm。叶条形，宽 1~1.5 mm，基部具褐色宽叶鞘，边缘膜质，花茎下部只有膜质叶鞘。穗状花序，长 6~10 cm，雌雄花序不连接，中间相距 5~10 cm；雄花序圆柱形，长 3~5 cm，直径约 5 mm，在雄花序基部常有淡褐色膜质苞片，与花序约等长，雄花具 1 雄蕊，基部无毛，花药长矩圆形，长约 2 mm，花粉为四合体，花丝丝状；雌花序长椭圆形，长 1.5~3 cm，直径 5~7 mm，成熟后直径达 1 cm，在基部有 1 褐色膜质的叶状苞片，比全花序稍长，子房长椭圆形，具细长的柄，柱头条形稍长于白色长毛，毛先端稍膨大，小苞片与毛近等长，比柱头短。果实褐色，椭圆形，具长柄。花果期 5~7 月。

生境分布

湿生植物。分布于覆土、覆沙和裸露砒砂岩侵蚀物沉积区的河、湖边浅水或河滩、低湿地、沼泽地，可耐盐碱，可作为砒砂岩区低洼处恢复植物。

151 大花美人蕉 *Canna generalis* Bailey

美人蕉科，美人蕉属；别名 美人蕉

形态特征

多年生草本，株高约 1.5 m，茎、叶和花序均被白粉。叶片椭圆形，长达 40 cm，宽达 20 cm，叶缘、叶鞘紫色。总状花序顶生，长 15~30 cm（连总花梗）；花大，比较密集，每一苞片内有花 1~2 朵；萼片披针形，长 1.5~3 cm；花冠管长 5~10 mm，花冠裂片披针形，长 4.5~6.5 cm；外轮退化雄蕊 3，倒卵状匙形，长 5~10 cm，宽 2~5 cm，颜色红、橘红、淡黄、白色等多种；唇瓣倒卵状匙形，长约 4.5 cm，宽 1.2~4 cm；发育雄蕊披针形，长约 4 cm，宽 2.5 cm；子房球形，直径 4~8 mm，花柱带形。蒴果具刺状突起。花期 7~10 月。

生境分布

分布于覆土和裸露砒砂岩侵蚀物沉积区，以园林栽培为主。常见于低洼处，耐湿，但耐寒性差。

152 芝麻 *Sesamum indicum* L.

胡麻科，胡麻属

形态特征

一年生直立草本植物，高 60~150 cm。分枝或不分枝，茎中空或具有白色髓部，叶微有毛。叶矩圆形或卵形，长 3~10 cm，宽 2.5~4 cm，下部叶常掌状 3 裂，中部叶有齿缺，上部叶近全缘；叶柄长 1~5 cm。单生或 2~3 朵同生于叶腋内。花萼裂片披针形，长 5~8 mm，宽 1.6~3.5 mm，被柔毛。花冠长 2.5~3 mm，筒状，直径 1~1.5 cm，长 2~3.5 cm，白色而常有紫红色或黄色的彩晕。雄蕊 4，内藏，子房上位，4 室，被柔毛。花期 8~10 月。蒴果矩圆形，长 2~3 cm，直径 6~12 mm，有纵棱，直立，被毛，分裂至中部或至基部。种子有黑白之分，黑者称黑芝麻，白者称为白芝麻。

生境分布

广泛分布于覆土、覆沙和裸露砒砂岩侵蚀物沉积区，属人工种植农作物。常见于梁峁顶、沟道内田间，适宜在沙土地上生长。

第 3 章
砒砂岩区人工植物现状及配置模式研究

自退耕还林、还草工程实施以来，经过人工植被的种植、管理和自我修复更新，目前已经在一定程度上改变了砒砂岩区斑剥光秃的面貌，形成了斑状分布的植被系统。目前砒砂岩区的人工植被主要是以乔木、灌木和半灌木为主。乔木包括杨树、山杏、山桃、油松、樟子松等；灌木主要为沙棘、柠条、沙柳、乌柳、黄刺玫等；草本植物种植较少，局部区域尝试了种植沙打旺、胡枝子、紫花苜蓿等。在砒砂岩区进行人工林的种植一般包括纯林和混交林两种。

3.1　砒砂岩区人工植物现状

3.1.1　以乔木为主的人工林

3.1.1.1　油松为主的人工林

1. 油松纯林

油松是砒砂岩区乡土树种，抗干旱、耐贫瘠，为浅根系树种，可在砒砂岩 30° 以下坡面上良好生长。一般选择 1~2 年生的油松幼苗进行栽种[7, 8]。马飞等[9]通过研究油松对干旱胁迫的生理生态响应，认为油松通过调节自身特性、生物量分配模式以及水分利用效率来提高应对干旱的能力。李吉跃[10]的研究表明，油松的抗旱特性属于耐旱性中延迟脱水（即抗脱水）一类，具有较高的植物水合补偿点和较低的土壤水合补偿点，能在严重的干旱条件下进行微弱的光合作用。王百田等[11]也对油松在当地生长的适宜土壤水分进行了研究，结果表明，适宜油松生长的土壤水分为 10%~18%。在土壤水分含量为 14.2% 时，达到最大光合速率 5.7 μmol/m^2。通过对准格尔旗试验区引种栽培的 45 种针叶和阔叶树进行试验和数据分析，表明油松在砒砂岩、黄土和风沙土上的生长均好于其他树种[12]。金争平等[13]对油松在不同土质坡面的生长状况调查表明，油松在砒砂岩坡地的生长量 > 沙土坡地生长量 > 黄土坡地生长量。他认为主要原因在于砒砂岩红白相间的层状地质结构形成相对的储水层和隔水层，使其储水能力好于土质均一的黄土和风沙土。对油松林地密度的研究表明[14]，油松林密度为 1 m×3 m 时郁闭度最高。虽然由于郁闭度高造成蒸腾增大，但其总蒸散量小于 2 m×3 m、3 m×3 m 等种植密度较小的油松林。不过，当密度较大时，林间草地面积、种类和长势较差，有不少地段裸露，畜牧业利用效益低，同时固土能力有限。李国雷等[15]则通过对不同树龄的油松人工林地土壤质量进行研究，提出土壤碱性磷酸酶、速效钾、有机质和转化酶可以作为其林地土壤评价指标，为林地伴生物种的选择提供依据。综合文献分析，油松适宜在砒砂岩区平坦区域进行大面积推广，但需要进行水分补充。有必要进一步对油松林的密度进行研究，便于合理设计林地，指导油松林的营造。另外，关于油松的研究多集中于油松的抗旱性和生长量等方面，砒砂岩区油松人工林伴生物种以及病虫害方面的研究还很少涉及。

　　2. 油松 × 沙棘混交林

　　油松 × 沙棘混交林，在幼林期，沙棘生长比油松快，水平根系发达，而且有根瘤的沙棘根系可增加林地的氮素含量，使土壤很快得到改良，给油松幼树生长提供了营养物质丰富的土壤环境。虽然准格尔旗试验区的油松 × 沙棘混交林 1995 年以来曾发生木蠹蛾虫害，成片沙棘大面积枯死，但由于混交林中不受虫害的油松是骨架林木，茂盛挺立，混交林整体存在。由于混交林的湿度、土壤水分和养分条件好，受虫害沙棘周围的根蘖苗纷纷生长郁闭[16]。王愿昌等[17]的调查结果显示，与油松混交的沙棘长势不良、成活率低，这主要是因为油松成林后往往影响到灌木树种的生长，这也是次生树种沙棘长势不良的原因。

　　另外，还有油松 × 紫穗槐、油松 × 紫穗槐 × 臭椿、油松 × 沙打旺等形成的混交林，但是研究相对较少，多集中在观察植物的生物量以及长势，不同油松混交林的生长情况与油松 × 沙棘混交林情况类似，虽然各混交林的发展在后期受到了一定程度的抑制，但仍比油松纯林的生物量大，且伴生植物较多，说明混交林有利于提高生态系统稳定性，水土保持效果较纯林好[18]。

3.1.1.2　以小叶杨为主的人工林

　　1. 小叶杨纯林

　　小叶杨喜阳、生长速度快、耐贫瘠、耐干旱，根系发达，其作为黄土高原丘陵沟壑区荒地植树造林的主要树种已经有 60 年的历史[19]。但研究发现，小叶杨林地存在成片的"小老林"现象。因此，关于小叶杨人工林是否适合在当地生长，一直存在争论[20-22]。就目前而言，小叶杨人工林在砒砂岩区仍是植树造林的主要树种之一，林地坡度多小于 15°。张婷等[23]对小叶杨人工林物种多样性及群落稳定性进行分析，认为小叶杨林地的郁闭度并不高，林下阳性植物入侵，形成相对浓密的灌木层和草本层，乔木层盖度为 0.4~0.6，灌草层盖度为 0.3~0.5，达到了水土保持的效果。但认为其不能较好地实现自我更新，不适于作为造林树种。焦峰等[24]通过对不同坡位的土壤环境进行研究，认为坡下部的含水率高于中部和上部，小叶杨的生长也相对较好。同时，研究表明小叶杨林地在 100 cm 以下土层均存在明显的干层，厚度可达 270 cm，认为由于速生，对水分需求大，造成土壤干化程度过高，即使降雨也很难补充。韩蕊莲等[21, 22]对小叶杨"小老林"的研究表明，其林下土壤 0~100 cm 含水量长期在 2%~3%，较正常生长的小叶杨林地 6% 的含水量低得多，对小叶杨造林持谨慎态度。唐德瑞等[25]对黄土丘陵区小叶杨生长规律的研究表明，小叶杨株高、胸径、材积等生长过程呈现"S"形曲线，前4年快速生长，4~9年生长速率明显下降。张连翔等[26]进一步对小叶杨生长规律进行研究，将其划分为前慢期、速生期和后慢期。从目前的研究来看，虽然小叶杨耐旱、耐贫瘠，但是由于生长快，需水量大，蒸腾量大，当地的降雨很难维持其大面积的成林，认为可有限度地在沟道内少量栽种成疏林，不宜大面积成林，否则难以避免"小老林"等经济效益低下的林地。

2. 小叶杨 × 沙棘混交林

小叶杨 × 沙棘混交林是一种乔灌混交林，小叶杨是林地的骨架林木。研究表明，该混交林可有效提高生物量，可达到纯林生物量的195%，主要是混交林改善了林地养分和水分状况，改善了林地的小气候，增强了生态系统的稳定性，提高了抗病虫害能力[27]。这是由于沙棘是一种非豆科固氮树种，能与弗兰克发射菌形成非豆科固氮系统，将大气中的分子态氮同化形成植物器官的营养物质，混入土壤后使得土壤系统内氮素储量大幅度增加，显著改善了小叶杨的土壤环境[28]，混交林通过改善土壤有机质，改善小气候条件，保持水土，从而促进了小叶杨的生长，是适于黄土丘陵区发展的混交林类型。但也有研究表明，混交林虽然改善了土壤环境，提高了地表植被覆盖率，但是由于形成林地郁闭度高，蒸腾量大，土壤干层严重[23]。目前，针对小叶杨 × 沙棘混交林的研究集中在沙棘对土壤以及小叶杨生长的影响方面，证明了这种配置模式的优越性，但是缺乏对混交林中不同植物相互影响机制的研究以及林木生长机制和抗病虫害能力的研究。但是，综合当地气候、水分条件，以及造成的林地土壤干层问题，使得这种混交林在砒砂岩区的推广受限。

3.1.1.3 其他乔木

砒砂岩区除当地自生的小叶杨外，也引进了河北杨、白杨、钻天杨等耐旱且对环境适应强的杨柳科乔木，孙翠玲等[29]通过长时间的研究发现，河北杨、白杨等在同一地方多代栽种后，土壤肥力明显下降，物种多样性也相应减少。而与刺槐、沙棘、紫穗槐等形成混交林，则土壤的肥力以及微生物含量就得到了明显的改善，能够促进林地植被的恢复和生长，维持生态系统的稳定性，这也充分证明了混交林的优越性以及对环境的改善作用，在增加物种多样性方面有着不可估量的作用。

侧柏也是砒砂岩区一种比较常见的人工林树种，然而侧柏林地较为分散，且多见于道路和山地绿化，除一些研究表明其对土壤有改善作用[30]外，并未有其他文献进行研究或报道。

榆树属于砒砂岩区唯一可自生的乔木树种，但是研究表明其在干旱地区生长不佳，难以成材，已形成"小老林"现象，虽然有栽种林地，但是面积较少，研究也相对较少。不过，有研究表明，榆树及其种子可以在植被覆盖率达到70%的情况下良好生长，与当地草本植物形成较好的共生性，可提高生态系统稳定性[31]。

山杏属于砒砂岩区一种主要的经济林，在部分地区已经形成产业化，但是散种面积小，缺乏有效管理，经济效益低下，对山杏、山桃等经济林的研究也相对较少。

同时，在砒砂岩区也进行过大面积的旱柳、樟子松、杜松、臭椿等栽种，但是研究相对较少。这也使得只有在当地进行这种林地建设的经验，却无法对不同林地水土保持效果进行比较，以便于优化配置。

3.1.2 以灌木为主的人工林

3.1.2.1 沙棘林

沙棘是半干旱地区水土保持的先锋物种、经济林种。20世纪80年代，鄂尔多斯市引进了沙棘，发现沙棘能适应砒砂岩环境生长。沙棘耐旱、耐寒，能耐60 ℃地面高温和 –50 ℃的严寒，对立地条件要求不严，在山顶、沟谷均可以良好生长，特别是沙棘可以向70°的陡坡地扩展生长[32]。研究表明[33]，沙棘可以在年降雨量250~800 mm的地区生长，在300~500 mm的地区生长良好。

1985年，水利专家钱正英院士提出"以开发沙棘为加速黄土高原治理的一个突破口"，从此注重并开始了生物治理水土流失的新战略。毕慈芬和李桂芬提出以沙棘"柔性坝"来攻克砒砂岩地区水土流失的构想，利用流体动力学中流体障碍物阻水形成减阻流的原理，在山间沟壑之中种植沙棘，使挟带泥沙的洪水通过沙棘植物时，泥沙滞积于沙棘群丛上游或之中，从而达到治理沟壑水土流失的目的。由于沙棘植物丛具有拦沙固沙的作用，并且可以过水，故称为植物"柔性坝"。1992年，黄河中游治理局针对砒砂岩区水土流失的特点和危害，在内蒙古东胜区西召沟小流域开展砒砂岩区植物"柔性坝"的试验研究。1998年水利部启动实施的晋陕蒙砒砂岩沙棘生态工程[17]，开始了利用沙棘大规模治理砒砂岩的工作，对于治理砒砂岩区水土流失起到了一定作用。

沙棘属于浅根系树种，水平根系发达，可以超过10 m，能从土壤中吸收水分和营养。沙棘依靠根瘤菌固氮提高土壤肥力，根蘖繁殖能力强，一般3~5年可萌生许多根蘖苗。根据调查，人工种植沙棘林2~3年后开始萌蘖出串根，每年水平扩展1~3 m，平均单株沙棘第二年可产生10多株幼苗。当沙棘覆盖度超过50%时，土壤侵蚀量可减少70%。沙棘栽种5~6年，即可逐步形成茂密的林草群落，覆盖率可达到80%以上，下植被可增加50~90种之多，说明沙棘可以在砒砂岩区进行大面积的种植，作为先锋物种大力提倡[33, 34]。另外，沙棘营造的林地中，土壤含水率有明显提升，土壤中微生物也较为丰富，其在改善生态环境中起着至关重要的作用。调研结果表明，沙棘的种植有效地改善了生态环境，对沟谷的溯源侵蚀、下切侵蚀和侧蚀行为起到了很好的遏制作用[35, 36]。

吴永红、胡建忠通过"水保法"计算了沙棘林在砒砂岩区的减洪减沙效益，结果表明：研究区流域内沙棘林占流域内总林地面积的比例逐年增大，沙棘林的减洪减沙量也逐年增大，从2002年到2008年，皇甫川、孤山川、窟野河等支流沙棘林平均每年总减洪量480.84万 m³，总减沙量302.65万 t。王愿昌、吴永红[17]对砒砂岩区治理水土流失措施进行了调研，提出了生物措施方面以沙棘作为砒砂岩区生物措施治理的突破口，在立地条件较好的地方栽种油松和柠条，在造林方式上宜采用混交造林。但是，若砒砂岩区长时间过度干旱，沙棘会遭遇木蠹蛾病虫害，出现大面积死亡，原因主要是缺水造成沙棘抗病虫害能力低，同时由于树种品种单一，管理不善，使得营造林地出现退化。同时，沙棘需要三五年一次平茬，否则影响其生长和无性繁殖。由此可见，沙棘可以在砒砂岩区大面积推广种植，但是需要适当的人工管理，同时要提高沙棘抗病虫害能力的研究，并进行混交林的建设，或者改良沙棘品种，提高其抵抗自然灾害的能力[37]。

3.1.2.2 柠条林

柠条是砒砂岩区分布最广、面积最大的豆科灌木树种。根据调查资料，准格尔旗有 13.3 万 hm² 柠条林，主要包括中间锦鸡儿、小叶锦鸡儿、狭叶锦鸡儿等。柠条抗干旱、耐贫瘠、易成活、寿命长，抗病虫害能力强，还是一种优良的牧草作物[38]。研究资料表明，在干旱频发的 1997~1999 年，人工沙棘林遭遇大面积的干旱和病虫害死亡，但是柠条长势良好，成为饲料的主要来源[39]。柠条对立地条件要求不严，但是研究表明，柠条适宜在梁上生长，适宜生长在疏松的沙地土壤上[40]。柠条可以在干旱地区进行条状播种种植，能促进当地草本植被的恢复，柠条群落的伴生物种单一，不如沙棘林多，主要是百里香、棉蓬、针茅等野生草本植物。由于柠条根据长势一般 3 年需要平茬，否则生长受限，极大影响其水土保持效果，其种植也受到一定限制。

3.1.2.3 沙棘 × 柠条混交林

有人研究提出沙棘 × 柠条混交林，不过据当地水保局工作人员反映，沙棘与柠条共生效果较差，也并无相关文献和研究可供参考。另有学者提出沙打旺草原、沙柳灌木林、柽柳灌木林等林地的建设，也曾由当地政府组织过大面积的种植，但是却缺乏针对这方面的系统研究。

3.2 砒砂岩区人工植物配置模式研究

根据侵蚀单元类型，并依据单元植被的重要性、繁殖能力及是否能够形成优势群落来归纳总结，提出新的配置模式如表 3-1 所示。

在梁峁坡单元的裸露区，最主要适宜生长的乔木为油松和山杏，灌木为沙棘和柠条，草本植物为赖草和披碱草，而覆土区最适宜生长的乔木增加了小叶杨，草本植物增加了冰草、紫花苜蓿，灌木沙棘和柠条依然为最适宜植被。而覆沙区最适宜生长的乔木为圆头柳，灌木为沙柳、油蒿、柠条和细枝岩黄芪，草本植物为赖草、披碱草、冰草和沙打旺。可以发现，由于表层覆盖物的不同，所分布的最适宜植被也有所不同，因此要因地适宜，种植各个部分最优势植被。

表 3-1 植被配置模式

侵蚀单元类型		植被类型		
		乔木	灌木	草本植物
梁峁坡单元	裸露梁峁坡单元	油松、山杏	沙棘、柠条	赖草、披碱草
	覆土梁峁坡单元	油松、山杏、小叶杨	沙棘、柠条	赖草、披碱草、冰草、紫花苜蓿
	覆沙梁峁坡单元	圆头柳	沙柳、油蒿、柠条、细枝岩黄芪	赖草、披碱草、冰草、沙打旺
沟坡单元	白色砒砂岩垂直单元	单元坡面陡峭，保水持水能力差，不适宜植被生长		
	黄土覆盖不稳定单元	单元坡面发育剧烈，不适宜植被生长		
	黄土垂直节理发育单元	单元坡面极为陡峭，侵蚀严重，不适宜植被生长		

续表 3-1

侵蚀单元类型		植被类型		
		乔木	灌木	草本植物
沟坡单元	白色砒砂岩不稳定单元	单元发育不成熟，且保水持水能力差，不适宜植被生长		
	红白相间砒砂岩不稳定单元 阴坡	—	蒙古荙、万年蒿、沙棘	—
	红白相间砒砂岩不稳定单元 阳坡	—	沙棘、蒙古荙、万年蒿	—
	溜沙坡单元			赖草、芦苇、假苇拂子茅
	覆沙砒砂岩稳定单元		沙棘、柠条、万年蒿	赖草、披碱草、紫花苜蓿
	覆土砒砂岩稳定单元	—	沙棘、柠条、万年蒿、阿尔泰狗娃花	紫花苜蓿、草木樨、赖草、披碱草、针茅
沟道单元	V 型沟道单元	单元发育剧烈，不适宜植被生长		
	U 型沟道单元	旱柳	沙棘、沙柳	赖草、假苇拂子茅、芦苇、草木樨、冰草、披碱草

在沟坡单元，由于岩体的稳定性及坡度问题，将各个沟坡单元划分为裸露植被单元、稀疏植被单元和繁密植被单元。裸露植被单元包括白色砒砂岩垂直单元和黄土覆盖不稳定单元，由于岩体不稳定发育剧烈，因此不适宜植被生长。稀疏植被单元包括黄土垂直节理发育单元、白色砒砂岩不稳定单元、红白相间砒砂岩不稳定单元和溜沙坡单元，其中黄土垂直节理发育单元和白色砒砂岩不稳定单元由于坡面陡峭，发育不成熟且剧烈，植被根部固土作用小于破坏作用，因而不适宜植被生长。红白相间砒砂岩不稳定单元较白色的保水持水效果好，所以有植被生长，并且阴坡阳坡由于水分有差异，因而植被生长的繁密程度有所不同，但是最适宜植被生长的种类一样，为蒙古荙、万年蒿和沙棘。溜沙坡单元接近沟道，水分充足，但是发育不成熟，只有少量的先锋草本植物生长，最适宜的草本植物为赖草、芦苇和假苇拂子茅。繁密植被单元包括覆沙和覆土砒砂岩稳定单元，此单元坡度较缓，发育较为成熟，灌草的覆盖率较高。覆沙砒砂岩稳定单元最为适宜的灌木为沙棘、柠条和万年蒿，草本植物为赖草、披碱草和紫花苜蓿。覆土砒砂岩稳定单元最为适宜生长的灌木增加了阿尔泰狗娃花，草本植物增加了草木樨、针茅，可以说明菊科植被和草木樨、针茅更适于土壤颗粒较小的覆土区生长。

对于 V 型和 U 型两种类型沟道单元而言，V 型沟道长宽比较大，比较狭窄，发育剧烈，不适宜植被生长；而 U 型沟道单元长宽比较小，宽度较大，并且覆沙厚度较厚，水分较充足，适宜植被生长，最优势乔木为旱柳，灌木为沙棘、沙柳，草本植物为赖草、假苇拂子茅、芦苇、草木樨、冰草、披碱草。

根据砒砂岩区自然生态条件，首先在空间结构上，把砒砂岩小流域分为五个区，即 A—梁峁顶，B—70°以上坡面，C—35°~70°坡面，D—35°以下缓坡，E—沟道。在此空间结构划分的基础上，分别对不同的空间结构配置了不同的治理措施，建立适合于梁峁顶、梁峁坡、坡面、沟道等不同地理条件的空间立体植物配置模式，如图 3-1 所示。

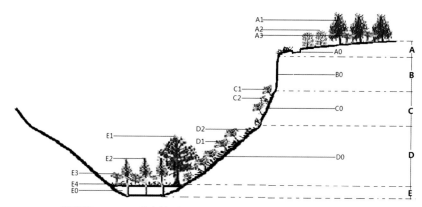

A—梁峁顶；B—70°以上坡面；C—35°~70°坡面；D—35°以下缓坡；E—沟道；
A0—截水沟；A1—油松；A2—柠条；A3—沙棘；
B0—化学固化；
C0—化学固化；C1—沙棘；C2—披碱草、冰草、草木樨等；
D0—化学固化；D1—沙棘；D2—披碱草、冰草、草木樨等；
E0—工程坝；E1—沙柳；E2—沙柳（沙棘）；E3—披碱草、冰草等；E4—化学固化

图 3-1　二元立体配置模式构想图

3.2.1　梁峁顶治理措施

梁峁顶，即 A 所示区域，因为地势平坦，适宜营造大面积人工林。在梁峁顶种植油松，形成大面积的油松人工林，作为人工林主干，辅以沙棘、柠条等灌木护沟拦沙，并配置截水沟等拦沙蓄水措施，具体实施见图 3-2。油松为当地乡土树种，适宜砒砂岩区降雨稀少、干旱贫瘠的气候土壤环境。沙棘作为先锋物种，已经表现出在砒砂岩上的良好适应性。油松 × 沙棘混交林形成乔灌搭配模式，不仅有利于提高单元内物种多样性，有利于生态系统的稳定，提高抗病虫害能力，而且两种植被共生效果良好，沙棘可通过根部固氮提高土壤肥力，为油松的生长提供养分，促进了油松林的生长。穴状坑可以有效地截留、储蓄雨水，为林地植被的生长提供水分。在对沟沿的维护上，采取的配置模式为在距沟沿 2~3 m 处营造 2 行柠条(A2)护崖林带，并在距沟沿 1.5~2 m 处挖截流沟（A0），并喷施浓度为 6% 以上的固化剂。

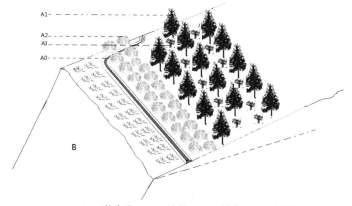

A0—截水沟；A1—油松；A2—柠条；A3—沙棘

图 3-2　坡顶治理措施构想图

3.2.2 沟坡治理措施

沟坡主要包括图 3-1 中的 B 区、C 区和 D 区。在沟坡 B 区上，黄土垂直节理发育单元和不稳定单元、白色砒砂岩垂直单元和不稳定单元不适宜进行人工林种植，采用喷涂固化剂固化。在红白相间砒砂岩不稳定单元 C 区，适宜以沙棘为主，蒙古莸等半灌木或者披碱草、冰草等禾本科植物为辅，形成灌草搭配的配置模式，其中在阳坡可形成沙棘 × 蒙古莸混交林；在阴坡主要形成沙棘 × 冰草或者披碱草混交林；在覆土、覆沙稳定砒砂岩区以及溜沙坡等区可种植耐沙埋草本植物，固定溜沙坡进一步侵蚀，拦截上部剥落沙土，利用草本植物发达的根系固结土壤。D 区 35° 以下坡面的治理措施主要是：坡面为沙棘 × 披碱草、冰草等适生草本植物，坡脚为沙柳疏林，如图 3-3 所示。

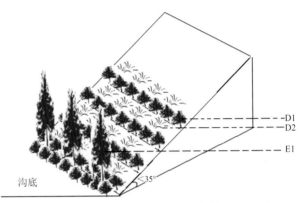

D1—沙棘；D2—披碱草、冰草、草木樨等；E1—沙柳

图 3-3 35° 以下坡面配置模式图

沙棘与根茎型草本植物搭配形成灌草配置模式，能够有效稳定坡面，提高坡面植被覆盖率，减弱径流对坡面的侵蚀。杨树根系固土能力强，能够有效固定坡脚土壤避免被淘空，从而稳定了坡面。水平沟种植沙棘形成沙棘林带，可减缓地表径流，同时可截留雨水，为沙棘和草本植物生长提供水分。

3.2.3 沟道内治理措施

沟道内水分充足，土壤疏松，适宜草本植物和根系发达乔灌植被生长。在沟道内主要形成沙棘、沙柳 × 草本植物"柔性坝"，拦沙蓄水，提高河床基准面，促进植被恢复。如图 3-4 所示，沟道内呈 V 型栽种沙柳、沙棘，在沙柳林行间挖浅坑撒播草籽。V 型开口位于沟道上游。θ 角度的大小根据沟道水流侵蚀情况及宽度相应改变，偏向无侧蚀或者侧蚀较弱的一侧。V 字两边的长度也据此作出相应调整，缩短无侧蚀或者侧蚀较弱一侧的长度，增加侧蚀相对严重一侧的长度。

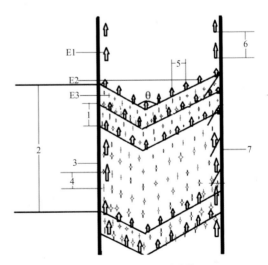

E1、E2—沙柳；E3—披碱草、冰草等；
1—单元内沙棘行距 2 m；2—单元间距 20 m；3—无侧蚀面；4—草本植物行距 0.5 m；5—灌木株距 0.5 m；6—灌木间株距 1 m；7—侧蚀面

图 3-4 沟道内"柔性坝"俯视图

参考文献

[1] 邓起东,程绍平,闵伟,等.鄂尔多斯块体新生代构造活动和动力学的讨论[J].地质力学学报,1999（3）：13-21.

[2] 蔡强国,王贵平,陈永宗.黄土高原小流域侵蚀产沙过程与模拟[M].北京：科学出版社,1998.

[3] 王愿昌,吴永红,李敏,等.砒砂岩地区水土流失及其治理途径研究[M].郑州：黄河水利出版社,2007.

[4] 王库.植物根系对土壤抗侵蚀能力的影响[J].土壤与环境,2001,10（3）：250-252.

[5] 许年春,伍培,赵宝云.一个能够优化边坡安全稳定系数计算的解析式[J].工业安全与环保,2015,41（6）：59-61.

[6] 刘增文,李雅素.黄土残塬区侵蚀沟道分类研究[J].中国水土保持,2003（9）：32-34,50.

[7] 侯卫东,蒋莉莉.浅谈油松的育苗种植技术[J].甘肃林业,2003（3）：36-37.

[8] 张枭艳.油松种植育苗技术刍议[J].现代园艺,2013,1（1）：48.

[9] 马飞,姬明飞,陈立同.油松幼苗对干旱胁迫的生理生态响应[J].西北植物学报,2009,29（3）：548-554.

[10] 李吉跃.油松侧柏苗木抗旱特性初探[J].北京林业大学学报,1988,10（2）：23-30.

[11] 王百田,杨雪松.黄土半干旱地区油松与侧柏林分适宜土壤含水量研究[J].水土保持学报,2002,16（1）：80-84.

[12] 金争平.砒砂岩区水土保持与农牧业发展研究[M].郑州：黄河水利出版社,2003.

[13] 金争平,贾志斌.不同治理措施植被恢复效果的初步研究[J].干旱区资源与环境,2001,15（3）：57-62.

[14] 金争平,苗宗义.水土保持与土地资源和环境——以黄土高原准格尔旗试验区为例[J].土壤侵蚀与水土保持学报,1999,5（2）：1-7.

[15] 李国雷,刘勇.油松人工林土壤质量的演变[J].林业科学,2008,44（9）：76-81.

[16] 王愿昌,吴永红.砒砂岩地区水土流失及其治理途径研究[M].郑州：黄河水利出版社,2007.

[17] 王愿昌,吴永红.砒砂岩区水土流失治理措施调研[J].国际沙棘研究与开发,2007,5（1）：39-43.

[18] 刘丽颖.内蒙古准格尔旗砒砂岩区复合农林系统及设计[D].北京：北京林业大学,2007.

[19] 王燕，吕文，张卫东，等.国内外小叶杨研究进展分析初报 [J].防护林科技，2000（3）：66-69.

[20] 程积民，万慧娥.中国黄土高原植被建设与水土保持 [M].北京：中国林业出版社，2002.

[21] Ruilian Han. An analysis of genesis of small ahed trees on the Loess Plateau[J]. Journal of Soil and Water Conservation, 1991, 5(1)：64-72.

[22] Yimin Liang.A discussion on trees and forest suitability to sites on the Loess Plateau[J]. Bulletin of Soil and Water Conservation, 2004 (24)：69-71.

[23] 张婷，张文辉.黄土高原丘陵区不同生境小叶杨人工林物种多样性及其群落稳定性分析 [J].西北植物学报，2007，27（2）：340-347.

[24] 焦峰，温仲明，焦菊英.黄土丘陵区人工小叶杨生长空间差异及其土壤水分效应 [J].西北植物学报，2005，25（7）：1303-1308.

[25] 刘广全，唐德瑞.黄土高原生态经济型防护林体系综合效益计量与经济评价 [J].西北林学院学报，1997，12（2）：25-30.

[26] 张连翔，梅秀艳.小叶杨生长规律的研究 [J].防护林科技，2001（2）：10-13.

[27] 宋西德，侯琳.黄土高原丘陵沟壑区小叶杨沙棘混交林研究 [J].西北林学院学报，2001，16（2）：15-17.

[28] 宋西德，罗伟祥，侯琳.侧柏、沙棘混交林效益研究 [J].水土保持学报，1995，（4）：113-117.

[29] 孙翠玲，朱占学.杨树人工林地退化及维护与提高土壤肥力技术的研究 [J].林业科学，1995，31（6）：506-511.

[30] 陈明涛，赵忠.干旱对4种苗木根系特征及各部分物质分配的影响 [J].北京林业大学学报，2011，33（1）：16-22.

[31] 常学礼，李胜功.科尔沁沙地草场组成及生物量动态的研究 [J].草业科学，1994，（12）：48-51.

[32] 苏炳林.沙棘特性及在生态系统建设中的作用 [J].河北农业科技，2004（7）：4-5.

[33] 夏静芳.沙棘人工林水土保持功能与植被配置模式研究——以内蒙古准格尔旗砒砂岩地区为例 [D].北京：北京林业大学，2012.

[34] 党晓宏，高永，汪季.砒砂岩沟坡沙棘根系分布特征及其对林下土壤的改良作用 [J].中国水土保持科学，2012,10（4）：45-50.

[35] 贺斌，李根前，徐德兵.沙棘克隆生长及其生态学意义 [J].西北林学院学报，2006，21（3）：54-59.

[36] 毛正齐，杨喜田，苗蕾.植物根系构型的生态功能及其影响因素 [J].河南科学，2008（26）：172-176.

[37] 王鑫.沙棘病虫害研究进展 [J].防护林科技，2010,99（6）：58-60.

[38] 朱岷，张义智.柠条在库尔勒的适应性分析 [J].草业科学，2008，25（8）：148-149.

[39] 王志会，夏新莉.我国柠条抗旱性研究现状 [J].河北林果研究，2006，21（4）：388-391.

[40] 李耀林，郭忠升.平茬对半干旱黄土丘陵区柠条林地土壤水分的影响 [J].生态学报，2011，31（10）：2727-2736.